中高职一体化机械设计制造类专业融合式项目教程

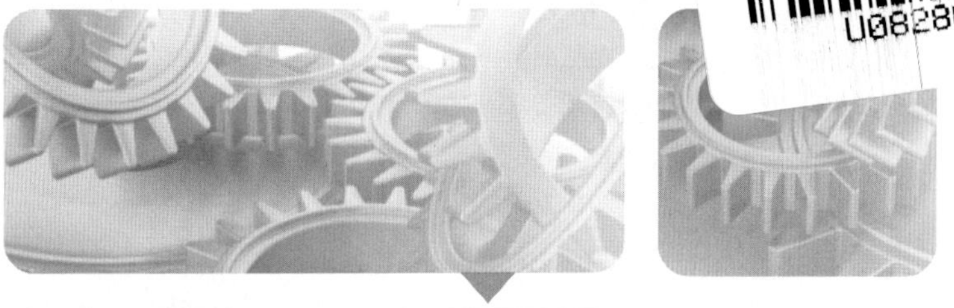

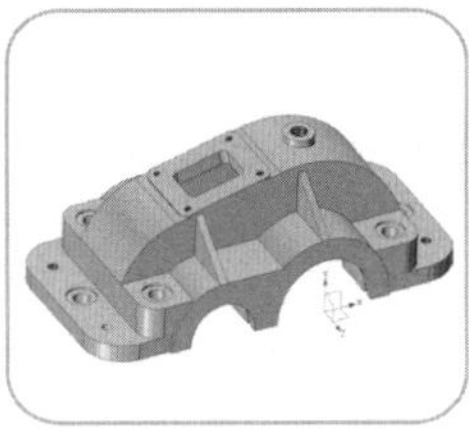

常用产品数控加工（上册）

A教程

禹 诚 周 姗 高 明 编著
熊靖康 孙 啸
陈彦宏 陶兴泉 参编

華中科技大學出版社
http://press.hust.edu.cn
中国·武汉

内 容 简 介

本教材中，编者原创“减速器零件测绘与装配”项目，通过【任务描述】【知识目标】【技能目标】【任务准备】【任务实施】【任务评价】等“做学教评同步”任务工作页驱动，引导学生完成：认识键与销、认识轴承、认识齿轮、绘制齿轮啮合图、测绘齿轮轴、绘制齿轮轴CAD零件图、装配齿轮轴系零件、绘制箱盖三维模型、绘制减速器装配图等9个任务，掌握机械制图、机械基础、零件测量与质量控制技术、部件装配、CAD/CAM技术应用等领域知识和技能的灵活应用。

图书在版编目(CIP)数据

常用产品数控加工(上册)A教程 / 禹诚，周姗，高明编著. -- 武汉 ：华中科技大学出版社，2024. 7. --（中高职一体化机械设计制造类专业融合式项目教程）. -- ISBN 978-7-5680-9744-4

Ⅰ. TG659-39

中国国家版本馆CIP数据核字第2024N9L962号

常用产品数控加工(上册)A教程　　禹 诚 周 姗 高 明 编著

Changyong Chanpin Shukong Jiagong(Shangce) A Jiaocheng

策划编辑：王红梅

责任编辑：李 露

封面设计：原色设计

责任校对：刘小雨

责任监印：周治超

出版发行：华中科技大学出版社(中国·武汉)　　电话：(027)81321913

武汉市东湖新技术开发区华工科技园　　邮编：430223

录　　排：武汉市洪山区佳年华文印部

印　　刷：武汉科源印刷设计有限公司

开　　本：787mm×1092mm　1/16

印　　张：5.75

字　　数：117千字

版　　次：2024年7月第1版第1次印刷

定　　价：58.00元

党的二十大报告提出，坚持把发展经济的着力点放在实体经济上，推进新型工业化，加快建设制造强国、质量强国、航天强国、交通强国、网络强国、数字中国。习近平总书记强调："装备制造业是国之重器，是实体经济的重要组成部分"。在推进中国式现代化的进程中，装备制造类技术技能人才对促进"强国"战略新质生产力发展起到重要作用。

为了培养促进"强国"战略新质生产力发展所需的高水平装备制造类技能人才，编写团队专注中高职教育教学改革 20 多年，积累了丰富的项目化教学改革经验。本系列教材聚焦机械设计制造类专业学生学习和教师教学的痛点：一是中职和高职阶段专业课程缺乏统筹规划，教学衔接不畅，岗课证赛融通困难，毕业生难以满足企业岗位需求；二是传统专业教学通常采用专业基础和专业课分门分科教学，互为支撑的课程因开设时间不连续而彼此割裂，理论知识和实践技能脱节，造成学生学习困难、教师教学不畅。

编写团队依据陶行知"教学做合一"理念，通过对标机械设计制造类专业的职业面向、培养目标定位、专业能力要求，精心设计思政性、趣味性、实用性、连贯性的教学项目，形成中高职一体化全学程专业教学项目链，创新编写中高职一体化融合式纯项目化教材，破解中高职教学衔接不畅、课程割裂、理实脱节等难题。教材在项目任务选题上突出思政功能，引入中国传统文化元素、突出环保理念、借用大国重器等情境，树立学生文化自信、促进学生环保意识、激发学生专业担当、培植学生报国之志，有效达成价值塑造、知识传授、能力培养的有机融合。该系列教材包括：简单产品普通加工、中等复杂产品数控加工、复杂产品综合加工、多轴加工与数控设备装调、智能产品创新设计共五大模块的上下册共 10 套教材，每套教材都包括"做学教评同步"A、B 教程。

A 教程为基于项目实施过程的"做学教评"同步工作页，B 教程为基于项目实施过程的"跨科目融合"同步学习页。教学团队联合企业专家，根据知识对岗位能力的贡献度，依据国家教学标准，将关键学习领域知识点进行了编码（机械设计制造类专业关键知识点编码表见附录）。不同领域的知识点学习页在 B 教程中用不同标识色块进行了区别，提取全套教材中同标识色块学习页，按知识点编码顺序装订成册将获得传统学科教材，有效兼顾了传统教学模式的教学用书。

本系列教材的A、B教程需同步使用，强调以学习者为中心，以工作过程为导向，以做定学，以学定教，以评促学。需要做什么，就学什么；需要学什么，就教什么；学了什么，就测评什么。同步检测做、学、教的效果，有效控制项目教学过程，确保项目教学效果。

本教材为《常用产品数控加工(上册)A教程》，作者原创"减速器零件测绘与装配"项目，通过【任务描述】【知识目标】【技能目标】【任务准备】【任务实施】【任务评价】等"做学教评同步"任务工作页驱动，引导学生完成：认识键与销、认识轴承、认识齿轮、绘制齿轮啮合图、测绘齿轮轴、绘制齿轮轴CAD零件图、装配齿轮轴系零件、绘制箱盖三维模型、绘制减速器装配图等9个任务，掌握机械制图、机械基础、零件测量与质量控制技术、部件装配、CAD/CAM技术应用等领域知识和技能的灵活应用。

本教材由禹诚、周姗、高明著作，参与著作的还有熊靖康、孙啸等老师和陈彦宏、陶兴泉等企业技术技能大师。

特别感谢为教材编写提供帮助的企业专家和毕业生！由于教学团队的教学改革还在持续进行，教学项目还在不断优化，教材编写还存在很多不足，敬请各位专家、读者原谅，欢迎大家多提宝贵修改意见，谢谢！

作　者

2024年6月30日于武汉

目录

项目七　减速器零件测绘与装配

任务1　认识键与销

【任务描述】

认识键与销，查表确定键的参数，并绘制其连接图。

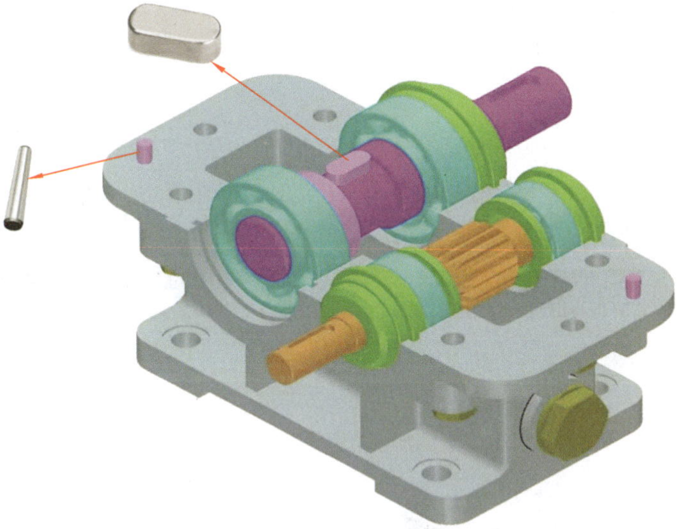

图 7.1.1　减速器中的键和销示意图

【知识目标】

（1）键连接（B201）；

（2）销连接（B202）。

【技能目标】

(1) 键连接的画法;
(2) 销连接的画法。

【任务准备】

键、销和轴(单级圆柱直齿轮减速器部件)、游标卡尺、钢直尺、A4 绘图纸、图板、丁字尺、一副三角板、铅笔、橡皮、小刀、透明胶、圆规、分规等。

【任务实施】

(1) 学习【链接知识 B201 键连接】。
(2) 完成【专项训练 B201 键连接】,如表 7.1.1 所示。

表 7.1.1 专项训练 B201 键连接

序号	训练内容	备注
1	请将键零件名称、零件形状及工作原理图进行连线。 零件名称　零件形状　工作原理图 普通平键　　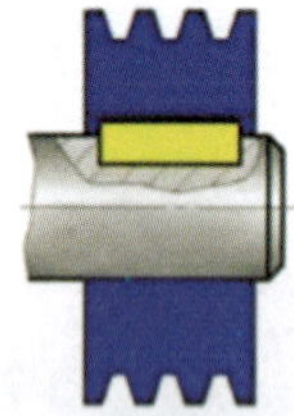 半圆键　　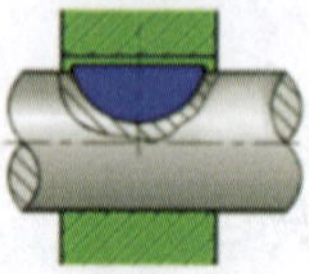 楔键　　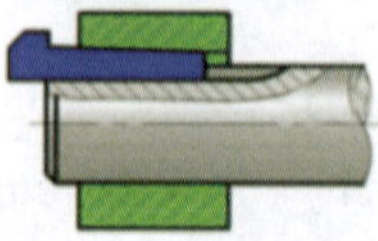	

续表

序号	训练内容	备注
2	请将正确选项的序号填在括号中。 (1) 请选择正确的普通平键连接图(　　)。 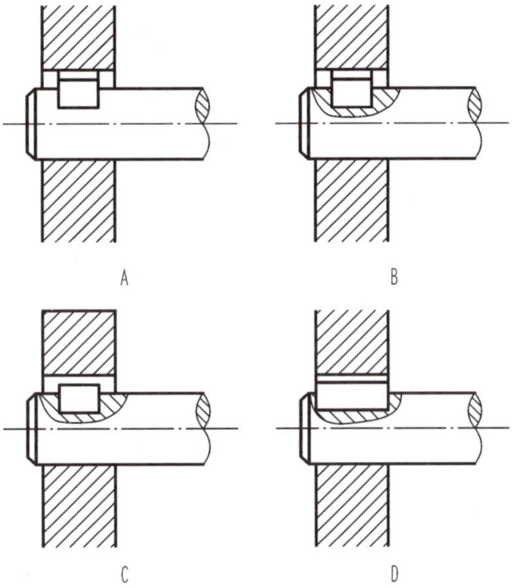 (2) 请选择正确的普通平键连接图(　　)。 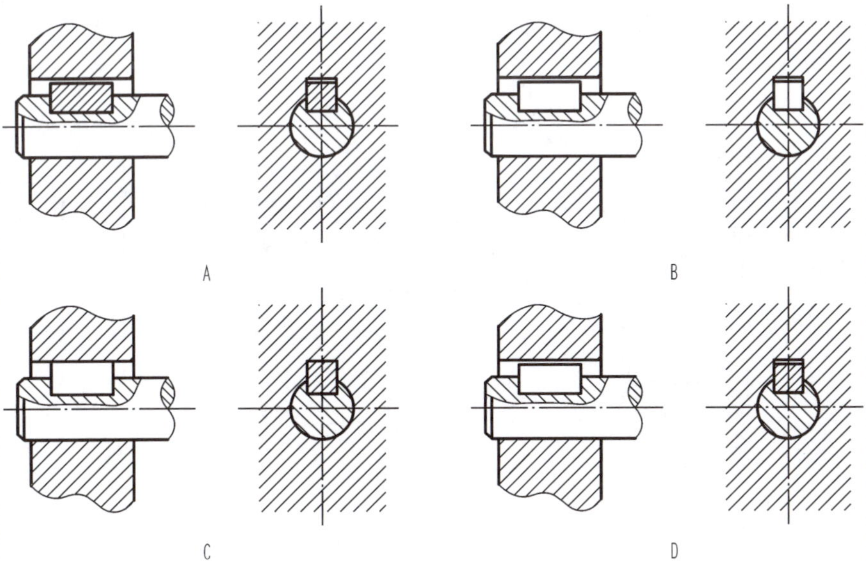 (3) 请选择与减速器上 $\phi30$ 齿轮轴配合的键的宽度(　　)。 A. 6　　B. 7　　C. 8　　D. 9	

序号	训练内容	备注
3	下图为减速器输出轴的部分视图，轴径为 $\phi31$，请查表后在给定的位置画出移出断面图。 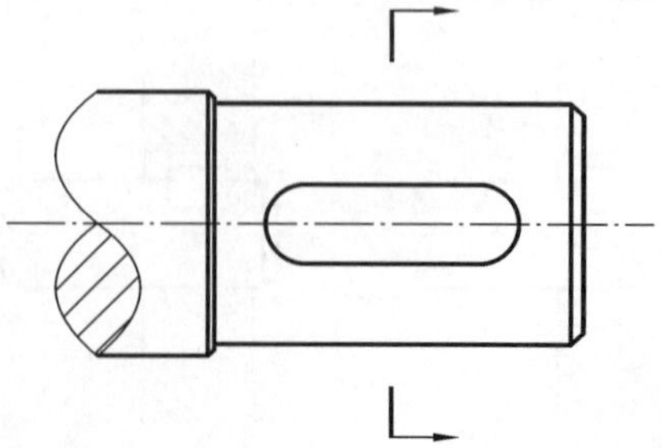 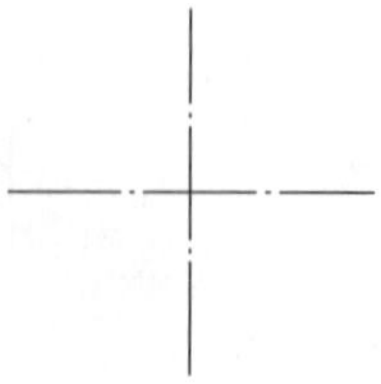	
4	下图所示的是减速器中轴与键的连接装配图，请查表后在横线上填写正确答案，并补齐图中的漏线。 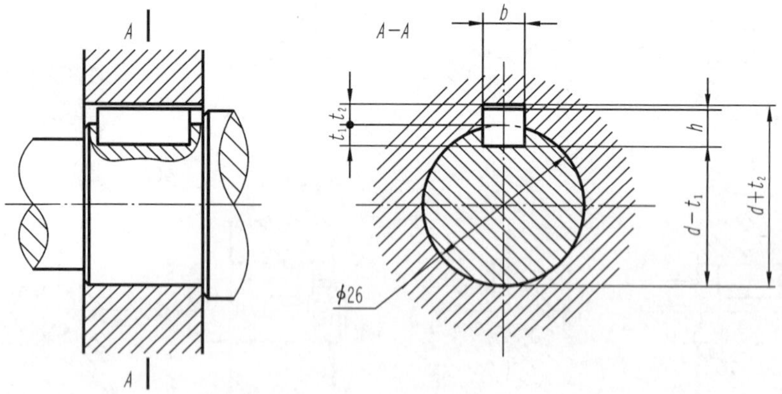 ① $b=$__________ ② $h=$__________ ③ $L=$__________ ④ $t_1=$__________ ⑤ $t_2=$__________ ⑥ $\delta=$__________+__________$-h=$__________	

（3）学习【链接知识 B202 销连接】。

（4）完成【专项训练 B202 销连接】，如表 7.1.2 所示。

表 7.1.2　专项训练 B202 销连接

<table>
<tr><th>序号</th><th>训练内容</th><th>备注</th></tr>
<tr><td>1</td><td>请将销零件名称、零件作用及工作原理图进行连线。
<table><tr><th>零件名称</th><th>零件作用</th><th>工作原理图</th></tr><tr><td>圆柱销</td><td>连接</td><td>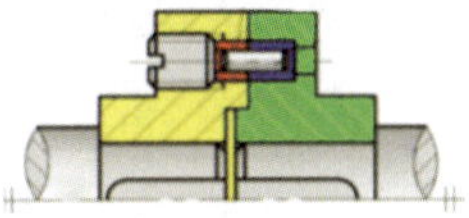</td></tr><tr><td>圆锥销</td><td>过载保护</td><td>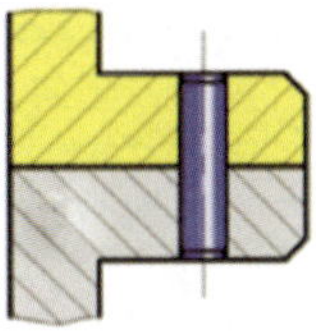</td></tr><tr><td>安全销</td><td>定位</td><td>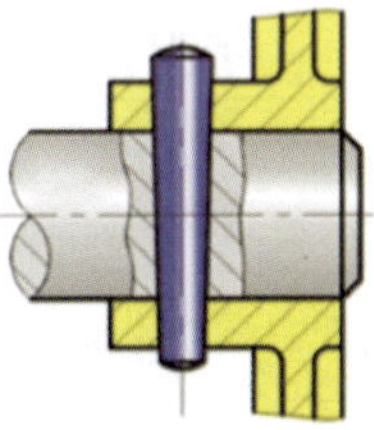</td></tr></table></td><td></td></tr>
<tr><td>2</td><td>请将正确选项的序号填在括号中。
（1）请选择正确的圆柱销连接图（　　）。
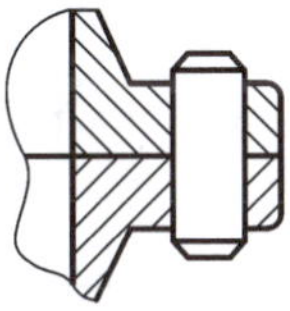
A
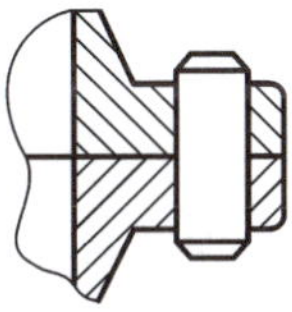
B
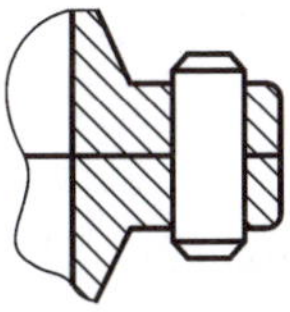
C
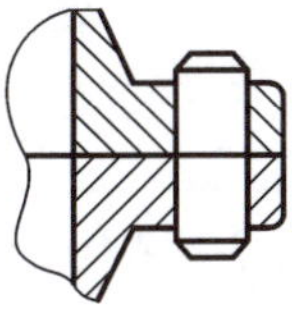
D
（2）下列选项中，常用于连接的是（　　）。
A. 开口销　B. 圆锥销　C. 圆柱销　D. 异形销
（3）销分为连接销和定位销，定位销一般选用锥度为______的圆锥销。（　　）
A. 1∶10　B. 1∶25　C. 1∶50　D. 1∶100
（4）圆锥销在减速器中主要起到（　　）作用。
A. 连接　B. 定位　C. 限位　D. 固定</td><td></td></tr>
</table>

【任务评价】

完成【任务 1 认识键与销】后，请如实填写表 7.1.3 和表 7.1.4。

表 7.1.3 【认识键与销】任务评价表

评价项目	评价标准	评价等级		
键的种类及其用法	理解透彻	A□	B□	C□
键连接画法误区	理解透彻	A□	B□	C□
销的种类及其用法	理解透彻	A□	B□	C□
销连接画法误区	理解透彻	A□	B□	C□
键连接的画法	绘制正确	A□	B□	C□
销连接的画法	绘制正确	A□	B□	C□
工作表	按时、规范、正确	A□	B□	C□

表 7.1.4 【认识键与销】8S 评价表

序号	项目	自评	组长评价	教师评价
1	整理(SEIRI)	A□ B□ C□	A□ B□ C□	A□ B□ C□
2	整顿(SEITON)	A□ B□ C□	A□ B□ C□	A□ B□ C□
3	清扫(SEISO)	A□ B□ C□	A□ B□ C□	A□ B□ C□
4	清洁(SEIKETSU)	A□ B□ C□	A□ B□ C□	A□ B□ C□
5	素养(SHITSUKE)	A□ B□ C□	A□ B□ C□	A□ B□ C□
6	安全(SAFETY)	A□ B□ C□	A□ B□ C□	A□ B□ C□
7	节约(SAVE)	A□ B□ C□	A□ B□ C□	A□ B□ C□
8	学习(STUDY)	A□ B□ C□	A□ B□ C□	A□ B□ C□

注：评价等级中的“A”对应“好”、“B”对应“一般”、“C”对应“差”。

学生：______________ 组长：______________ 教师：______________

任务2 认识轴承

【任务描述】

安装减速器中的轴承，查表确定轴承的参数，并绘制其视图。

图 7.2.1 减速器中的滚动轴承示意图

【知识目标】

(1) 滚动轴承的结构和类型(B802.1)；

(2) 滚动轴承的代号(B802.2)；

(3) 滚动轴承润滑、密封(B802.3)；

(4) 滚动轴承的画法(B802.4)。

【技能目标】

(1) 滚动轴承类型的选择；

(2) 滚动轴承的绘制。

【任务准备】

轴承（单级圆柱直齿轮减速器部件）、A4 纸、游标卡尺、钢尺、一副三角板、铅笔、橡皮等。

【任务实施】

（1）学习【链接知识 B802.1 滚动轴承的结构和类型】。

（2）完成【专项训练 B802.1 滚动轴承的结构和类型】，如表 7.2.1 所示。

表 7.2.1　专项训练 B802.1 滚动轴承的结构和类型

序号	训练内容	备注
1	请将轴承名称与对应的图片进行连线。 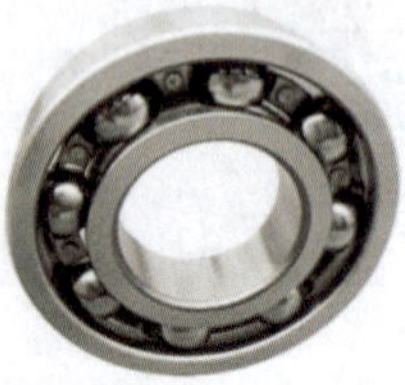 滑动轴承  滚动轴承	
2	请根据图片在横线上填写滚动轴承各结构的名称。 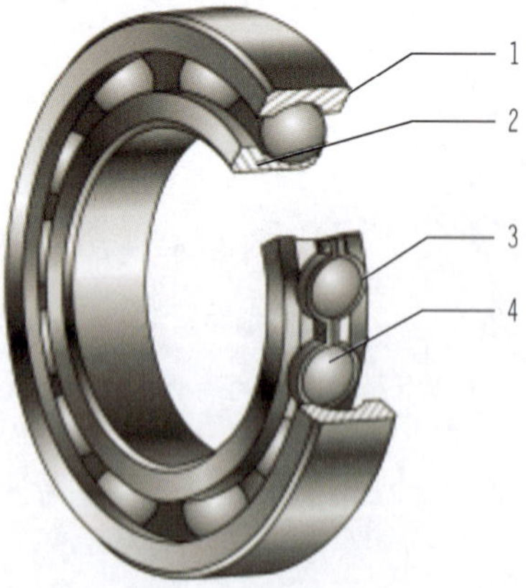 1. ________；2. ________；3. ________；4. ________。	

续表

序号	训练内容	备注
3	请根据图片填写滚动体的名称。 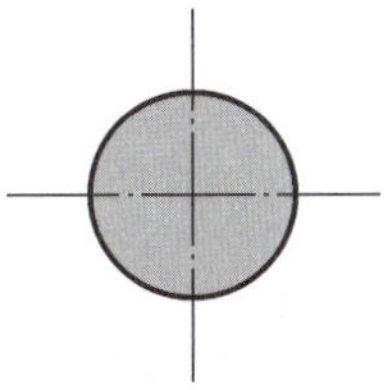 名称：________ 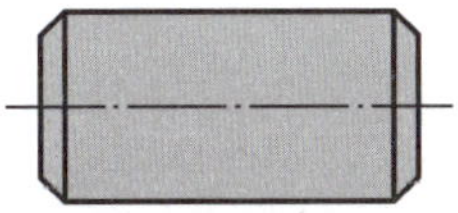 名称：________ 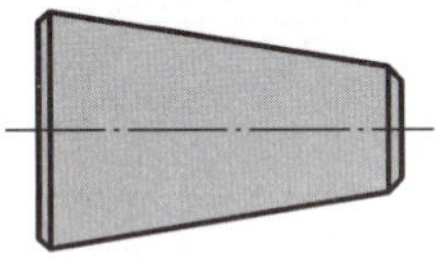 名称：________ 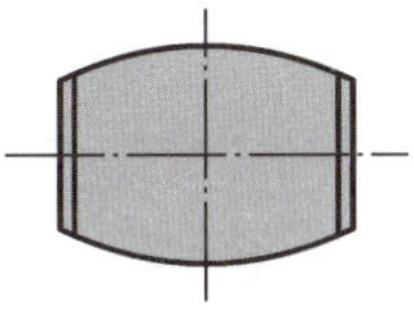 名称：________  名称：________	
4	请选词填空。 （1）轴承的功用是支承及保证轴的______。 （2）按照摩擦性质不同，轴承可分为______和______两类。 （3）滚动轴承的基本结构是由______、______、______和______四部分组成。 （4）滚动轴承代号由______、______和______构成。其中，______是轴承代号的核心，它表示滚动轴承的______、______和______。 提示词： 旋转精度　滑动轴承　滚动轴承　外圈　内圈 滚动体　保持架　基本代号　前置代号　后置代号	

（3）学习【链接知识 B802.2 滚动轴承的代号】。

（4）完成【专项训练 B802.2 滚动轴承的代号】，如表 7.2.2 所示。

（5）学习【链接知识 B802.3 滚动轴承润滑、密封】。

（6）完成【专项训练 B802.3 滚动轴承润滑、密封】，如表 7.2.3 所示。

表 7.2.2 专项训练 B802.2 滚动轴承的代号

序号	训练内容	备注
1	请参照示例，解释下列滚动轴承代号的含义。 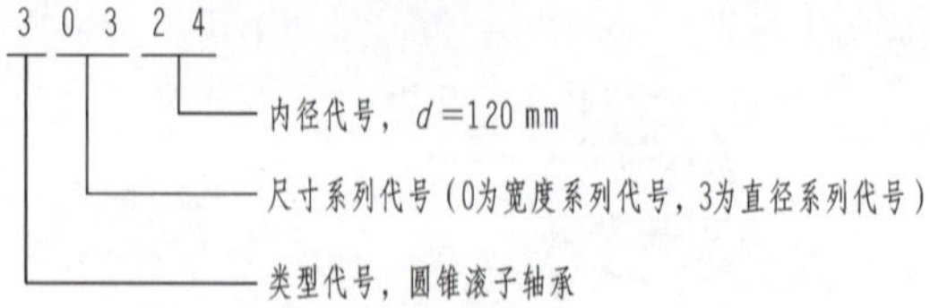 62203：______________________________。 7312AC/P6：______________________________。 52105：______________________________。 61102：______________________________。 31110：______________________________。 57308：______________________________。 30212/P53：______________________________。 6211/P6：______________________________。	

表 7.2.3 专项训练 B802.3 滚动轴承润滑、密封

序号	训练内容	备注
1	请选句填空。 (1) 轴承内圈的轴向固定可分为： ______________、______________、______________、 ______________。 提示语： 利用轴肩的单向固定　利用轴肩和弹性挡圈的双向固定 利用轴肩和轴端圈的双向固定　利用轴肩和圆螺母的双向固定 (2) 轴承外圈的轴向固定可分为： ______________、______________、______________。 提示语： 利用轴端盖的单向固定　利用轴端盖和座孔台阶的双向固定 利用弹性挡圈和座孔台阶的双向固定 (3) 轴承的润滑分为： ______________、______________、______________。	

续表

<table>
<tr><th>序号</th><th>训练内容</th><th>备注</th></tr>
<tr><td>1</td><td>提示语：
润滑脂润滑　润滑油润滑　固体润滑</td><td></td></tr>
<tr><td>2</td><td>请将图片与对应的文字进行连线。
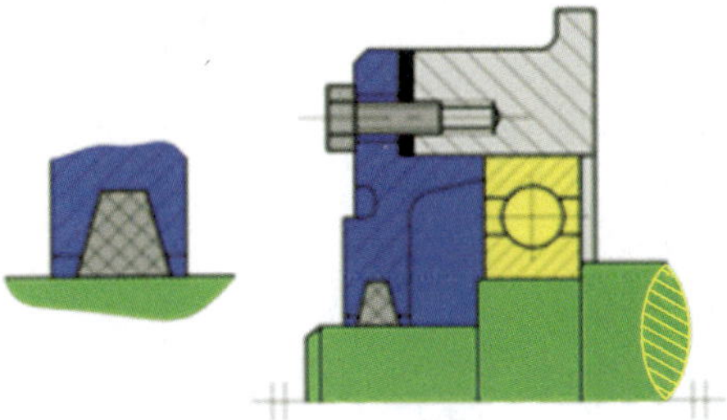
皮碗密封

毛毡圈密封
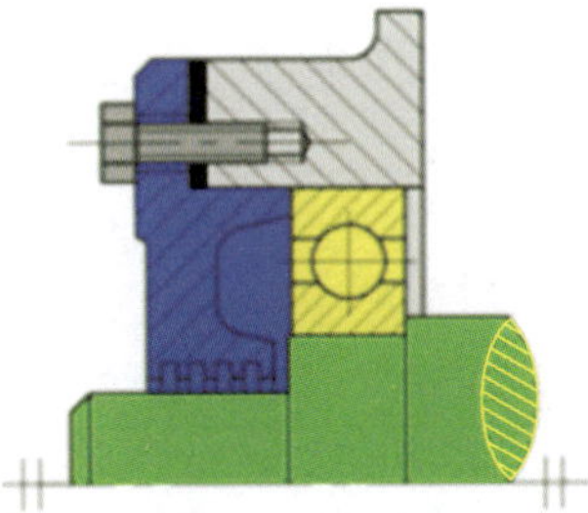
间隙密封
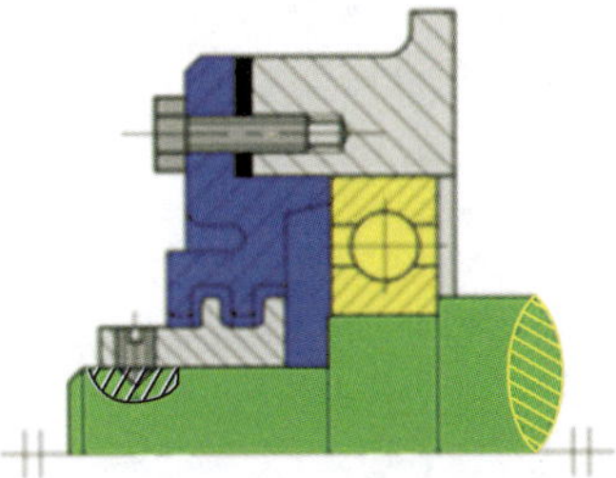
曲路密封</td><td></td></tr>
</table>

(7) 学习【链接知识 B802.4 滚动轴承画法】。

(8) 完成【专项训练 B802.4 滚动轴承画法】，如表 7.2.4 所示。

表 7.2.4　专项训练 B802.4 滚动轴承画法

序号	训练内容	备注
1	请圈出深沟球轴承规定画法中的错误之处，并在空白处绘制出正确的图形。 错误画法： 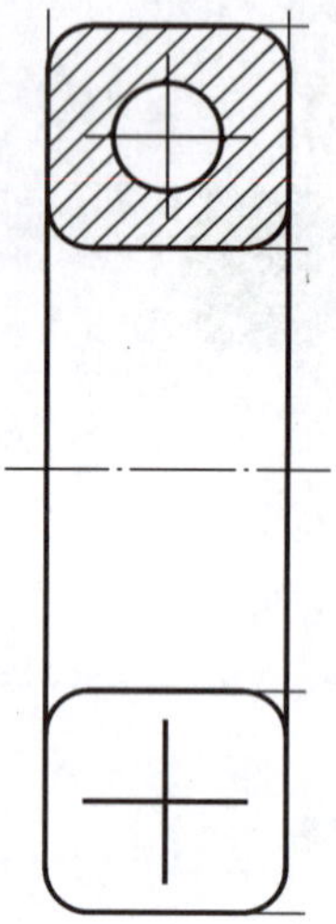 正确画法：	

续表

序号	训练内容	备注
2	已知深沟球轴承的代号是 61807，请查表后用规定画法画出该滚动轴承，并在图上标注尺寸。 查表结果为：滚动轴承外径是________；滚动轴承内径是________；滚动轴承宽度是________。 滚动轴承的画法为：	

（9）请补画减速器中与齿轮轴配合的滚动轴承（代号 6202）的相关图线，如图7.2.2所示。

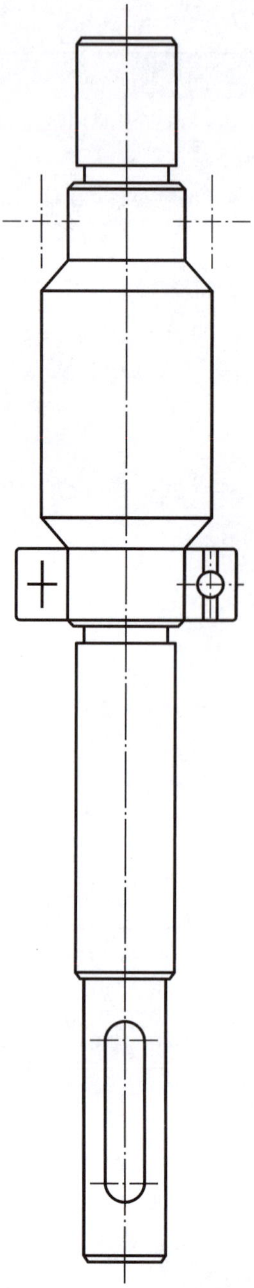

图 7.2.2　齿轮轴与滚动轴承配合示意图

【任务评价】

完成【任务 2 认识轴承】任务后，请如实填写表 7.2.5 和表 7.2.6。

表 7.2.5 【认识轴承】任务评价表

序号	评价项目	评价标准	评价等级		
1	轴承结构	阐述正确	A□	B□	C□
2	轴承类型	阐述正确	A□	B□	C□
3	轴承代号	阐述正确	A□	B□	C□
4	轴承选择	能正确选择	A□	B□	C□
5	轴承安装	能正确安装	A□	B□	C□
6	轴承润滑	操作正确	A□	B□	C□
7	轴承密封	操作正确	A□	B□	C□
8	轴承画法	正确、规范	A□	B□	C□

表 7.2.6 【认识轴承】8S 评价表

序号	项目	自评	组长评价	教师评价
1	整理(SEIRI)	A□ B□ C□	A□ B□ C□	A□ B□ C□
2	整顿(SEITON)	A□ B□ C□	A□ B□ C□	A□ B□ C□
3	清扫(SEISO)	A□ B□ C□	A□ B□ C□	A□ B□ C□
4	清洁(SEIKETSU)	A□ B□ C□	A□ B□ C□	A□ B□ C□
5	素养(SHITSUKE)	A□ B□ C□	A□ B□ C□	A□ B□ C□
6	安全(SAFETY)	A□ B□ C□	A□ B□ C□	A□ B□ C□
7	节约(SAVE)	A□ B□ C□	A□ B□ C□	A□ B□ C□
8	学习(STUDY)	A□ B□ C□	A□ B□ C□	A□ B□ C□

注：评价等级中的“A”对应“好”、“B”对应“一般”、“C”对应“差”。

学生：__________ 组长：__________ 教师：__________

任务3 认识齿轮

【任务描述】

计算单级圆柱直齿轮减速器中大齿轮的几何尺寸，并绘制其视图。

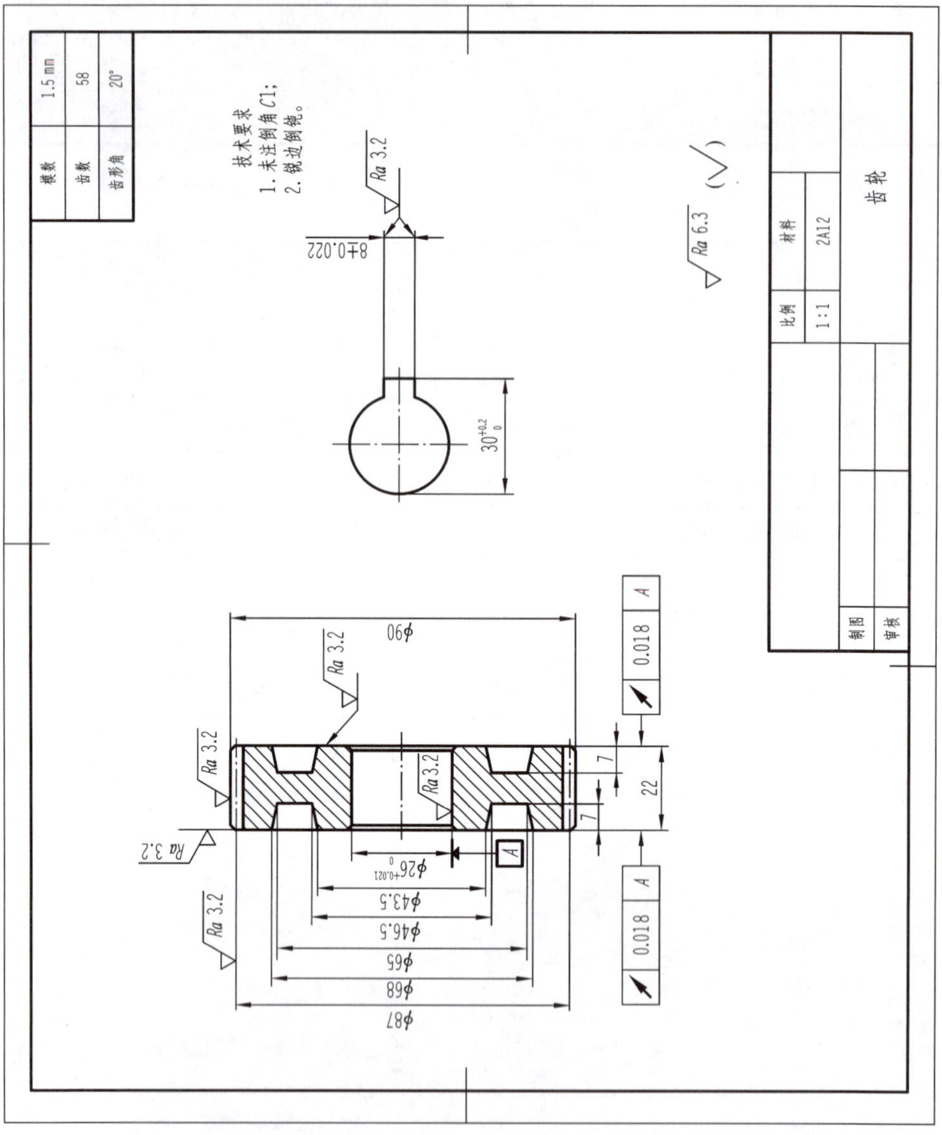

图 7.3.1 齿轮的零件图

【知识目标】

（1）标准直齿圆柱齿轮的基本知识(B401)；

（2）单个直齿圆柱齿轮的测绘(A504.1)。

【技能目标】

（1）齿轮几何参数的计算；

（2）单个直齿圆柱齿轮的绘制。

【任务准备】

齿轮(单级圆柱直齿轮减速器部件)、0～150 mm 机械游标卡尺、一副三角板、铅笔、橡皮等。

【任务实施】

（1）学习【链接知识 B401 标准直齿圆柱齿轮的基本知识】。

（2）完成【专项训练 B401 标准直齿圆柱齿轮的基本知识】，如表 7.3.1 所示。

表 7.3.1　专项训练 B401 标准直齿圆柱齿轮的基本知识

序号	训练内容	备注
1	请根据图片，参考提示词，在横线上填写正确内容。 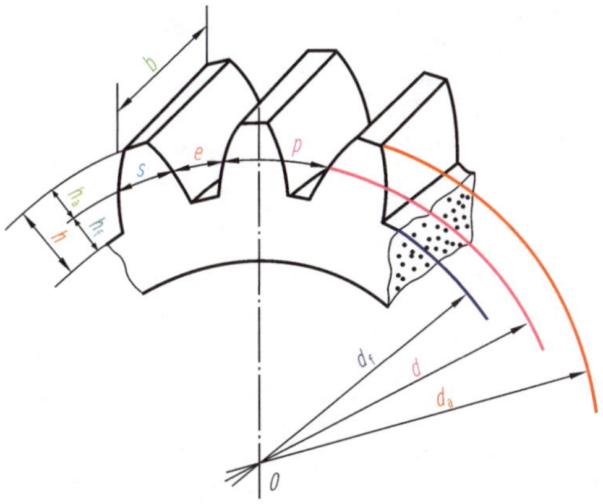 	

续表

序号	训练内容	备注
1	d_a 表示__________;d 表示__________;d_f 表示__________;h_a 表示__________;h_f 表示__________;h 表示__________;p 表示__________;s 表示__________;e 表示__________;b 表示__________。 提示词： 齿宽　齿顶圆直径　齿槽宽　分度圆直径　齿高 齿厚　齿根圆直径　齿距　齿顶高　齿根高	
2	请判断下列说法是否正确,正确的在括号中打"√",不正确的打"×"。 (1) 对标准齿轮来说,齿厚等于齿槽宽处的圆周的直径称为分度圆直径。(　　) (2) 齿顶高与齿根高之和称为全齿高。(　　) (3) 分度圆上相邻两齿对应点之间的弧长称为齿距。(　　) (4) 渐开线上各点的齿形角(压力角)不等,离基圆越远,齿形角越大,基圆上的齿形角(压力角)为零。(　　) (5) 国家标准规定标准渐开线圆柱齿轮分度圆上的压力角 $\alpha=20°$。(　　)	
3	请在括号中填写能使左右两边等式成立的选项(标准直齿圆柱齿轮)。 (1) 齿轮模数 m=(　　)。 A. p/π　B. d/z　C. h_a　D. $h-h_f$ (2) 分度圆 d=(　　)。 A. mz　B. pz/π　C. d_a-2h_a　D. d_f+2h_f (3) 齿顶圆直径 d_a=(　　)。 A. $m(z+2)$　B. $d+2h_a$　C. d_f+2h (4) 齿根圆直径 d_f=(　　)。 A. $m(z-2.5)$　B. $d-2h_f$　C. d_a-2 (5) 齿高 h=(　　)。 A. h_a+h_f　B. 2.25 m　C. $(d_a-d_f)/2$	
4	请根据图片计算出直齿圆柱齿轮的齿数并填空。 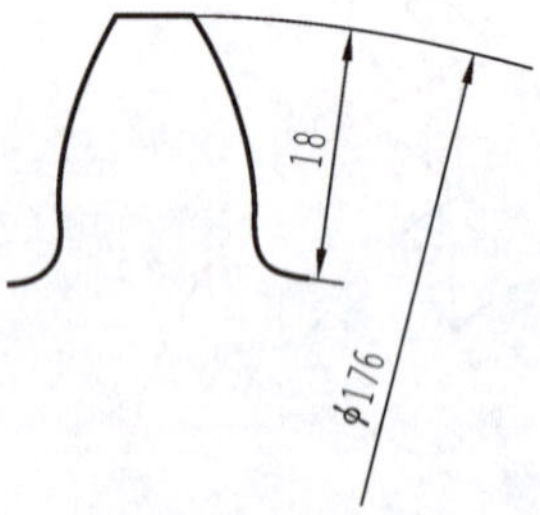 齿数 z=(　　) 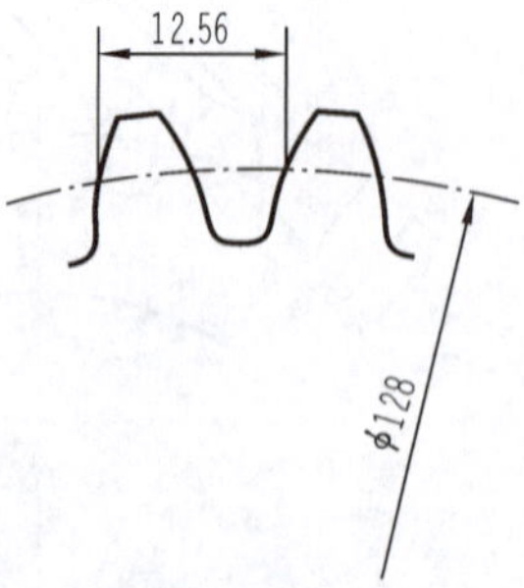 齿数 z=(　　)	

序号	训练内容	备注
4	综合练习题。 (1) 测量某标准直齿圆柱齿轮的数据为：齿数 $z=36$，齿顶圆直径 $d_a=379.64$ mm，该齿轮的模数为(　　)mm。 A. 9.99　　B. 10　　C. 10.10　　D. 10.55 (2) 在(1)中，根据相应公式计算得出 $m=9.99$ mm，但正确答案却不是A，请在下方空白处写出原因。 (3) 某机构需要一对直齿圆柱齿轮，要求中心距为144 mm、传动比为2。现库房有四种标准直齿圆柱齿轮，齿形角都为20°，其齿数和齿顶圆直径分别为(　　)。 A. $z_1=24$，$d_{a1}=104$ mm　　B. $z_2=47$，$d_{a2}=196$ mm C. $z_3=48$，$d_{a3}=250$ mm　　D. $z_4=48$，$d_{a4}=200$ mm 请简要分析原因。	

(3) 学习【链接知识 A504.1 单个直齿圆柱齿轮的测绘】。

(4) 完成【专项训练 A504.1 单个直齿圆柱齿轮的测绘】，如表 7.3.2 所示。

表 7.3.2　专项训练 A504.1 单个直齿圆柱齿轮的测绘

<table>
<tr><th>序号</th><th>训练内容</th><th>备注</th></tr>
<tr><td>1</td><td>请判断下列说法是否正确，正确的在括号中打“√”，不正确的打“×”。
(1) 单个圆柱齿轮的画法规定，齿顶圆和齿顶线用粗实线绘制。(　　)
(2) 单个圆柱齿轮的画法规定，分度圆和分度线用细点画线绘制。(　　)
(3) 单个圆柱齿轮的画法规定，齿根圆和齿根线用细实线绘制，也可省略不画。(　　)
(4) 在剖视图中，当剖切平面通过齿轮的轴线时，轮齿一律按不剖绘制，齿根线用粗实线绘制。(　　)
(5) 单个圆柱齿轮的画法规定，齿顶圆和齿顶线用粗实线绘制。(　　)
(6) 单个圆柱齿轮的画法规定，分度圆和分度线用细点画线绘制。(　　)
(7) 单个圆柱齿轮的画法规定，齿根圆和齿根线用细实线绘制，也可省略不画。(　　)
(8)在剖视图中，当剖切平面通过齿轮的轴线时，轮齿一律按不剖绘制，齿根线用粗实线绘制。(　　)</td><td></td></tr>
<tr><td>2</td><td>请根据图片，参考提示语，在横线上填写正确答案。
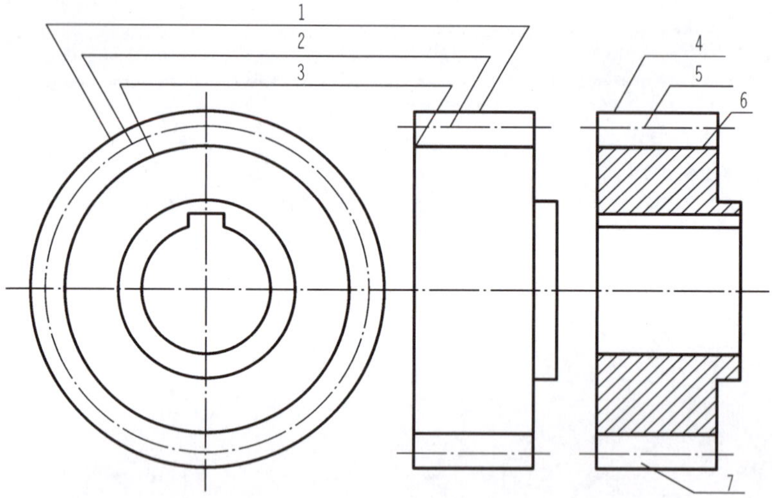
(a) 外形　　(b) 全剖视图
绘制齿轮外形时：
(1) ______________________________；
(2) ______________________________；
(3) ______________________________；</td><td></td></tr>
</table>

续表

<table>
<tr><th>序号</th><th>训 练 内 容</th><th>备注</th></tr>
<tr><td>2</td><td>绘制齿轮剖视图时：
(4) ________________________________；
(5) ________________________________；
(6) ________________________________；
(7) ________________________________；
提示语：
齿根圆(线)用细实线绘制 ｜ 齿顶圆(线)用粗实线绘制
分度圆(线)用细点画线绘制 ｜ 分度圆用细点画线绘制
齿根圆(线)用粗实线绘制 ｜ 轮齿部分不画剖面线</td><td></td></tr>
<tr><td>3</td><td>请根据齿轮齿数(奇偶数)的不同，判断测绘方法是否正确，正确的在括号中打“√”，不正确的打“×”。
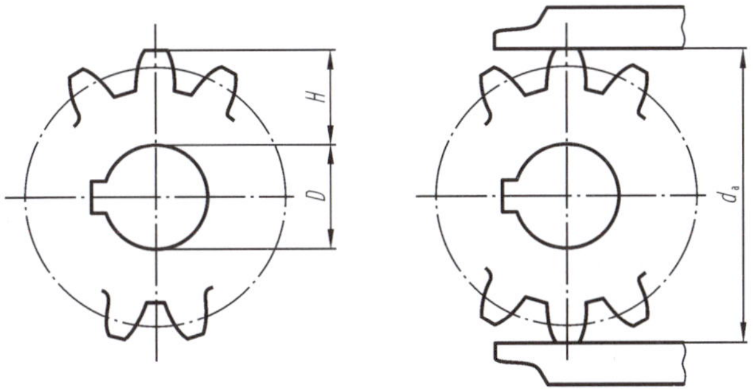

偶数齿(　　)　　　　奇数齿(　　)</td><td></td></tr>
</table>

(5) 测量减速器中齿轮的相关参数，如图 7.3.2 所示，并填写表 7.3.3。

图 7.3.2　齿轮参数测量示意图

表 7.3.3　齿轮相关参数记录表

序号	齿轮名称	几何要素尺寸
①	齿数 z	$z=$
②	齿顶圆直径 d_a	$d_a=$
③	模数 m	$m=$
④	分度圆直径 d	$d=$
⑤	齿根圆直径 d_f	$d_f=$
⑥	齿宽 b	$b=$

（6）请根据（5）中测量或计算得到的齿轮几何要素尺寸，绘制齿轮零件图，比例自定。

【任务评价】

完成【任务 3 认识齿轮】后，请如实填写表 7.3.4 和表 7.3.5。

表 7.3.4 【认识齿轮】任务评价表

评价项目	评价标准	评价等级		
齿轮的作用	正确阐述	A□	B□	C□
齿轮参数	理解参数含义	A□	B□	C□
齿轮几何要素	理解几何要素	A□	B□	C□
齿轮几何计算	正确计算	A□	B□	C□
单个标准直齿圆柱齿轮的测绘	正确测绘	A□	B□	C□

表 7.3.5 【认识齿轮】8S 任务评价表

序号	项目	自评	组长评价	教师评价
1	整理(SEIRI)	A□ B□ C□	A□ B□ C□	A□ B□ C□
2	整顿(SEITON)	A□ B□ C□	A□ B□ C□	A□ B□ C□
3	清扫(SEISO)	A□ B□ C□	A□ B□ C□	A□ B□ C□
4	清洁(SEIKETSU)	A□ B□ C□	A□ B□ C□	A□ B□ C□
5	素养(SHITSUKE)	A□ B□ C□	A□ B□ C□	A□ B□ C□
6	安全(SAFETY)	A□ B□ C□	A□ B□ C□	A□ B□ C□
7	节约(SAVE)	A□ B□ C□	A□ B□ C□	A□ B□ C□
8	学习(STUDY)	A□ B□ C□	A□ B□ C□	A□ B□ C□

注：评价等级中的“A”对应“好”、“B”对应“一般”、“C”对应“差”。

学生：____________ 组长：____________ 教师：____________

任务4 绘制齿轮啮合图

【任务描述】

根据减速器中齿轮轴和齿轮的实物尺寸，绘制其啮合图，如图 7.4.1 所示。

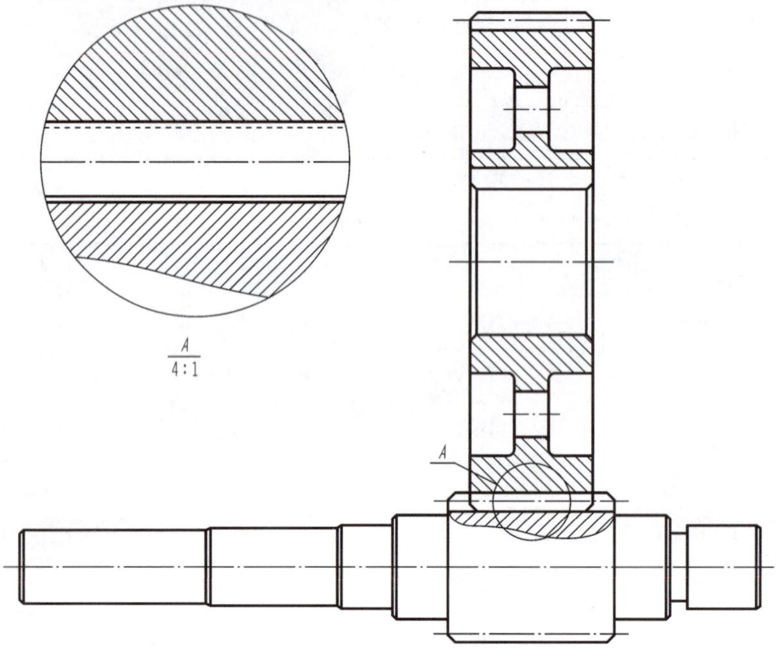

图 7.4.1 减速器中齿轮轴和齿轮啮合示意图

【知识目标】

(1) 齿轮传动概述(B403)；

(2) 两个圆柱齿轮啮合的画法(A504.2)。

【技能目标】

两个圆柱齿轮啮合图的绘制。

【任务准备】

0～150 mm 机械游标卡尺、齿轮和齿轮轴（单级圆柱直齿轮减速器部件）、一副三角板、铅笔、橡皮等。

【任务实施】

（1）学习【链接知识 B403 齿轮传动概述】。

（2）完成【专项训练 B403 齿轮传动概述】，如表 7.4.1 所示。

表 7.4.1 专项训练 B403 齿轮传动概述

序号	训练内容	备注
1	请将下图中的齿轮与相应类型进行连线。 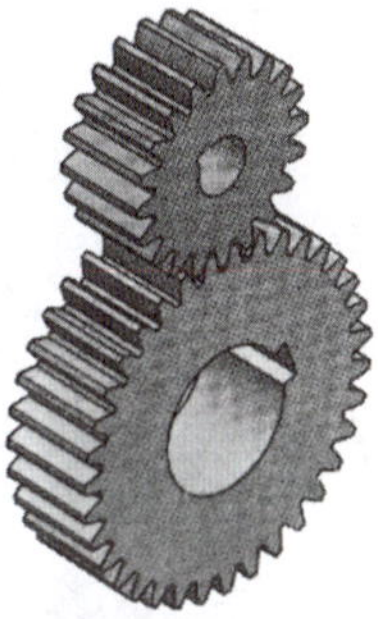 齿轮齿条  直齿轮  斜齿轮	

续表

序号	训练内容	备注
2	请把正确选项的序号填写在括号中。 一齿轮传动,主动轴转速为 1200 r/min,主动轮齿数为 20,从动轮齿数为 30,从动轮转速为(　　)r/min。 A. 1800　　B. 800　　C. 60　　D. 40	
3	请写出齿轮传动的特点。 (1) ________; (2) ________; (3) ________; (4) ________; (5) ________; (6) ________; (7) ________; (8) ________;	

(3) 学习【链接知识 A504.2 两个圆柱齿轮啮合的画法】。

(4) 完成【专项训练 A504.2 两个圆柱齿轮啮合的画法】,如表 7.4.2 所示。

表 7.4.2　专项训练 A504.2 两个圆柱齿轮啮合的画法

序号	训练内容	备注
1	请根据图片,参考提示语,在横线上填写正确答案。 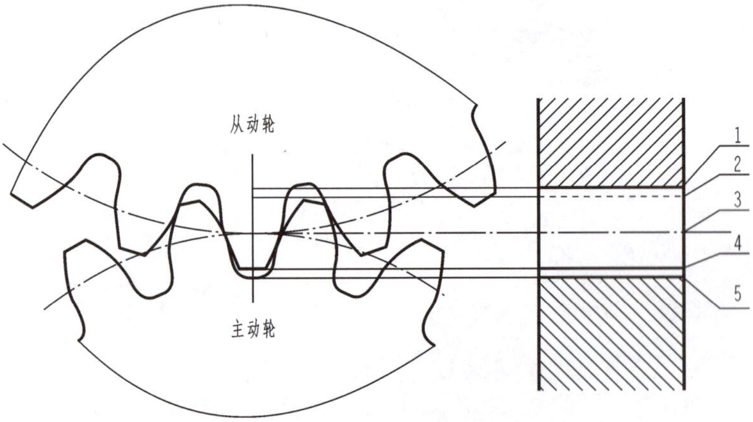 (1) ________; (2) ________; (3) ________;	

续表

<table>
<tr><th>序号</th><th>训练内容</th><th>备注</th></tr>
<tr><td>1</td><td>（4）______________________________；
（5）______________________________；
提示语：
从动轮齿顶圆用粗实线绘制　主动轮齿根圆用粗实线绘制
从动轮齿根圆用粗实线绘制　主动轮齿顶圆用虚线绘制
分度圆用细点画线绘制</td><td></td></tr>
<tr><td>2</td><td>请选择出正确的齿轮啮合图（　　）。
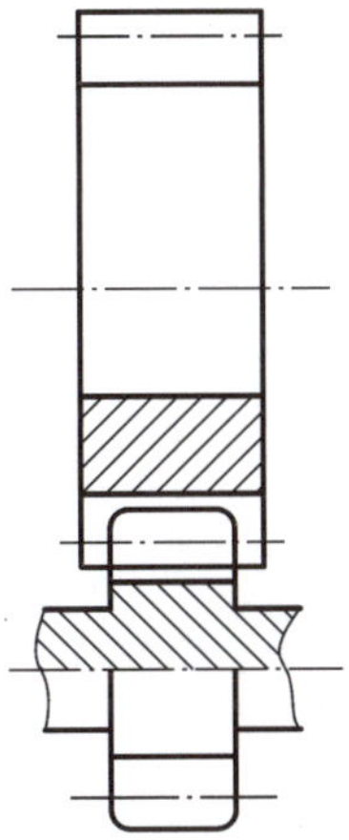
A
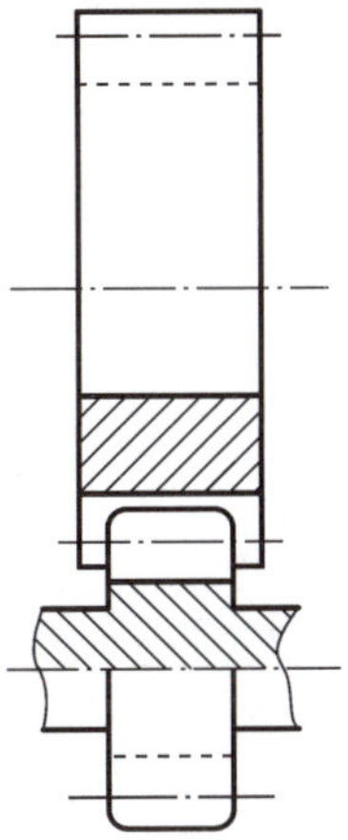
B
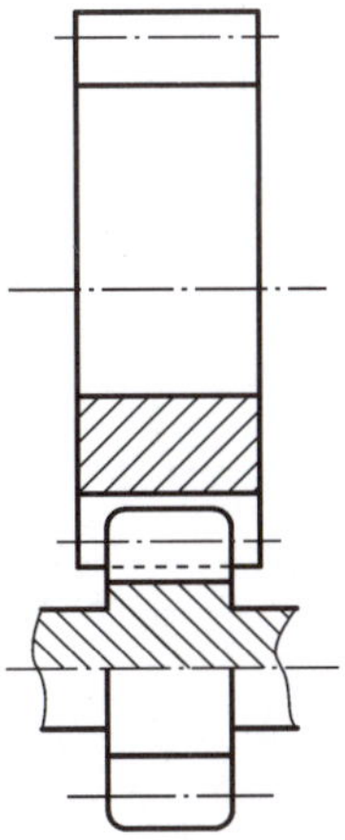
C
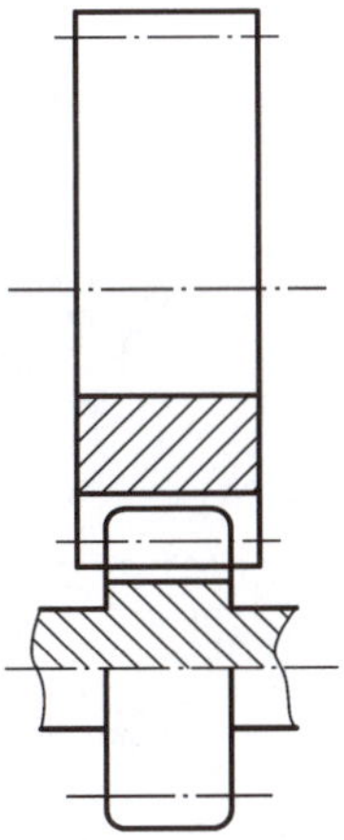
D</td><td></td></tr>
</table>

（5）请绘制出减速器中齿轮轴与齿轮的啮合图草图。（比例为 1∶1）

【任务评价】

完成【任务 4 绘制齿轮啮合图】后，请如实填写表 7.4.3 和表 7.4.4。

表 7.4.3 【绘制齿轮啮合图】任务评价表

评价项目	评价标准	评价等级		
齿轮类型	阐述正确	A□	B□	C□
齿轮传动特点	正确理解	A□	B□	C□
齿轮啮合画法	正确、规范	A□	B□	C□
齿轮传动比	能正确计算	A□	B□	C□

注：评价等级中的“A”对应“好”、“B”对应“一般”、“C”对应“差”。

表 7.4.4 【绘制齿轮啮合图】8S 评价表

序号	项目	自评	组长评价	教师评价
1	整理(SEIRI)	A□ B□ C□	A□ B□ C□	A□ B□ C□
2	整顿(SEITON)	A□ B□ C□	A□ B□ C□	A□ B□ C□
3	清扫(SEISO)	A□ B□ C□	A□ B□ C□	A□ B□ C□
4	清洁(SEIKETSU)	A□ B□ C□	A□ B□ C□	A□ B□ C□
5	素养(SHITSUKE)	A□ B□ C□	A□ B□ C□	A□ B□ C□
6	安全(SAFETY)	A□ B□ C□	A□ B□ C□	A□ B□ C□
7	节约(SAVE)	A□ B□ C□	A□ B□ C□	A□ B□ C□
8	学习(STUDY)	A□ B□ C□	A□ B□ C□	A□ B□ C□

注：评价等级中的“A”对应“好”、“B”对应“一般”、“C”对应“差”。

学生：____________ 组长：____________ 教师：____________

任务5　测绘齿轮轴

【任务描述】

测量减速器齿轮轴实物（其模型见图 7.5.1）的尺寸，并绘制零件图。

图 7.5.1　齿轮轴的三维模型图

【知识目标】

(1) 常用绘图工具的使用(A101.5)；

(2) 游标卡尺(C401.2)；

(3) 零件图的视图选择(A602)；

(4) 零件图的尺寸标注(A603)。

【技能目标】

齿轮轴的测绘。

【任务准备】

减速器齿轮轴、A4 纸、游标卡尺、钢尺、一副三角板、铅笔、橡皮等。

【任务实施】

(1) 复习齿轮画法的相关知识点。

(2) 完成【专项训练 齿轮轴齿轮部分补线】,如表 7.5.1 所示。

表 7.5.1 专项训练 齿轮轴齿轮部分补线

序号	训练内容	备注
1	请对齿轮轴齿轮部分进行补线。 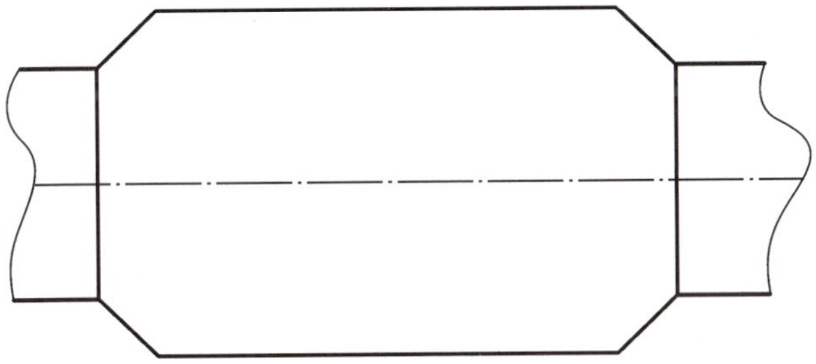	

(3) 复习零件测绘的相关知识点。

(4) 完成【专项训练 齿轮轴的测绘】,如表 7.5.2 所示。

表 7.5.2　专项训练 齿轮轴的测绘

序号	训练内容	备注
1	测量减速器中的齿轮轴实物，并在下图中的齿轮轴平面图上标注尺寸。 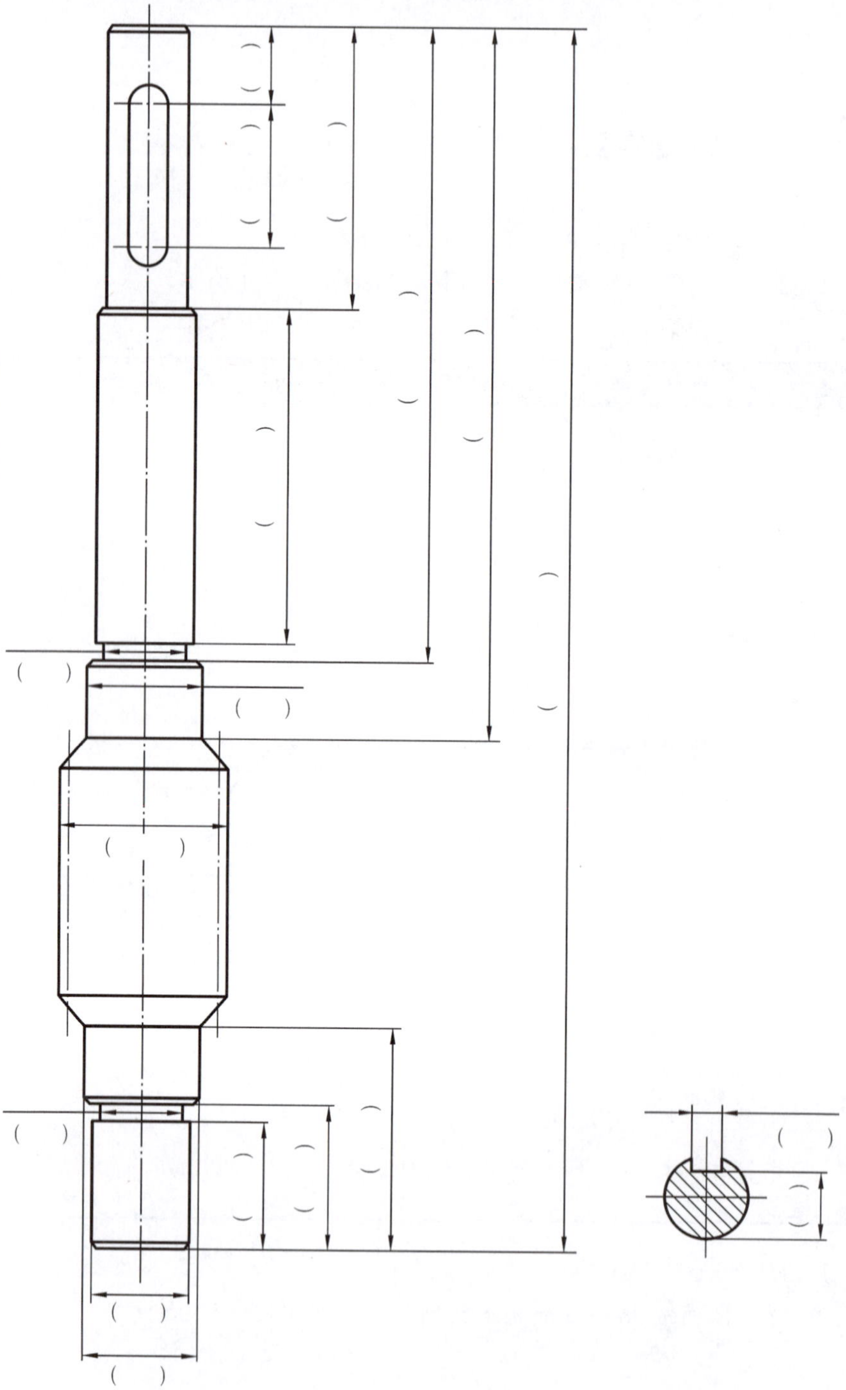	

(5) 根据测量所得的数据，绘制齿轮轴的零件图，比例自定。

制图
校核

【任务评价】

完成【任务 5 测绘齿轮轴】后，请如实填写表 7.5.3 和表 7.5.4。

表 7.5.3 【测绘齿轮轴】任务评价表

评价项目	评价标准	评价等级		
齿轮轴的用法	理解透彻	A□	B□	C□
齿轮轴画法误区	理解透彻	A□	B□	C□
齿轮轴三视图	绘制正确	A□	B□	C□
尺寸标注	规范有序	A□	B□	C□
字迹	工整美观	A□	B□	C□
工作表	按时、规范、正确	A□	B□	C□

表 7.5.4 【测绘齿轮轴】8S 评价表

序号	项目	自评	组长评价	教师评价
1	整理(SEIRI)	A□ B□ C□	A□ B□ C□	A□ B□ C□
2	整顿(SEITON)	A□ B□ C□	A□ B□ C□	A□ B□ C□
3	清扫(SEISO)	A□ B□ C□	A□ B□ C□	A□ B□ C□
4	清洁(SEIKETSU)	A□ B□ C□	A□ B□ C□	A□ B□ C□
5	素养(SHITSUKE)	A□ B□ C□	A□ B□ C□	A□ B□ C□
6	安全(SAFETY)	A□ B□ C□	A□ B□ C□	A□ B□ C□
7	节约(SAVE)	A□ B□ C□	A□ B□ C□	A□ B□ C□
8	学习(STUDY)	A□ B□ C□	A□ B□ C□	A□ B□ C□

注：评价等级中的"A"对应"好"、"B"对应"一般"、"C"对应"差"。

学生：__________ 组长：__________ 教师：__________

任务6 绘制齿轮轴 CAD 零件图

【任务描述】

使用中望 3D 软件完成齿轮轴建模，如图 7.6.1 所示，并使用中望 CAD 软件绘制其零件图。

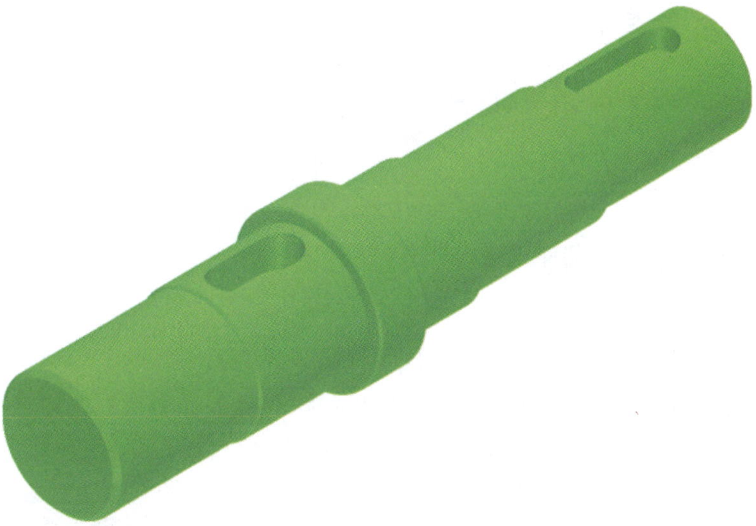

图 7.6.1 齿轮轴的三维模型图

【知识目标】

(1) 中望 CAD 软件认识界面(K901)；

(2) 图幅设置(K902)；

(3) 图层设置(K903)；

(4) 删除、移动(K904)；

(5) 尺寸标注 (K905)；

(6) 技术要求编辑(K906)；

(7) 输出 PDF 文档(K907)。

【技能目标】

（1）齿轮轴的 CAD 绘图；

（2）齿轮轴的三维建模；

（3）齿轮轴零件图的尺寸标注。

【任务准备】

手绘版齿轮轴零件图、计算机、中望 CAD 软件等。

【任务实施】

（1）学习【链接知识 K901 中望 CAD 软件认识界面】。

（2）完成【专项训练 K901 中望 CAD 软件认识界面】，如表 7.6.1 所示。

表 7.6.1　专项训练 K901 中望 CAD 软件认识界面

序号	训练内容	备注
1	请根据图片，将正确答案的序号填在对应位置上。  ①文件名称　②软件名称　③版本号	
2	请根据图片，用红笔圈出状态栏中的“正交模式”和“显示/隐藏线宽”功能。 	

续表

序号	训练内容	备注
3	请根据图片，将正确分区和解释的答案序号填入对应的白框内。 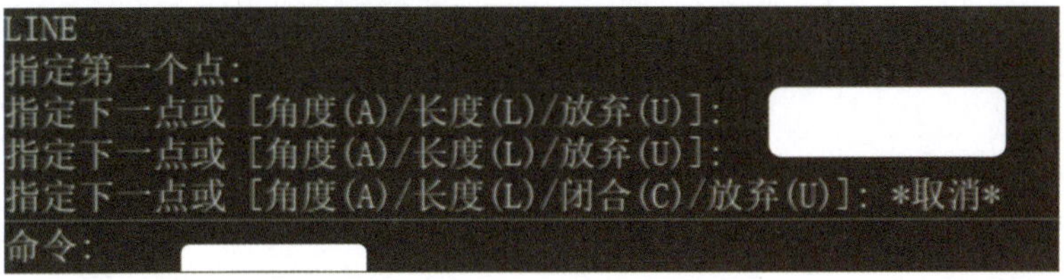 ①信息显示栏　②用户借助键盘输入中望 CAD 命令的地方　③命令输入栏 ④ 显示系统反馈信息的地方	
4	请阐述两种新建文件的步骤。	

(3) 学习【链接知识 K902 图幅设置】。

(4) 完成【专项训练 K902 图幅设置】，如表 7.6.2 所示。

表 7.6.2 专项训练 K902 图幅设置

序号	训练内容	备注
1	请阐述两种图幅设置的步骤。	
2	请根据要求完成图幅设置编辑，选用 A4 图幅，横置，比例设为 1∶1.5，带标题栏。 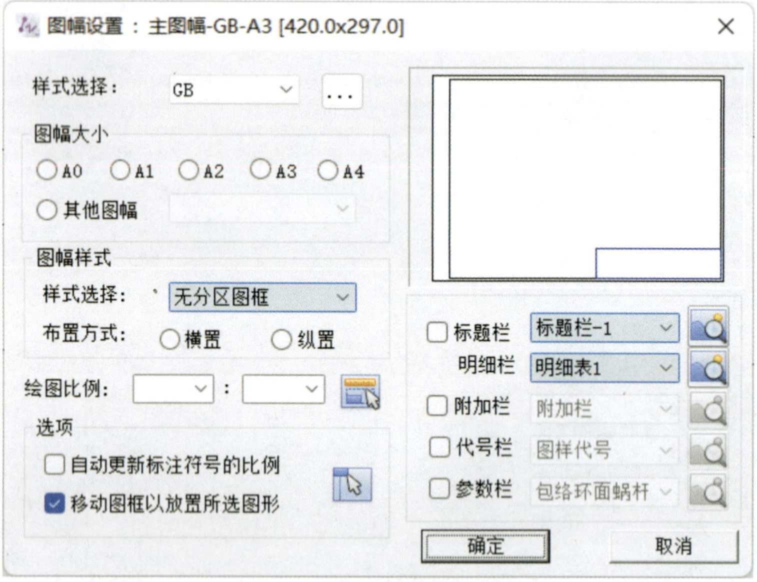	

（5）学习【链接知识 K903 图层设置】。

（6）完成【专项训练 K903 图层设置】，如表 7.6.3 所示。

表 7.6.3　专项训练 K903 图层设置

序号	训 练 内 容	备注
1	请将正确的序号填到与描述对应的段落前。 (　　)单击该按钮将在当前选择的图层下创建一个新图层，新图层会自动继承所选择图层的所有特性。创建时可以对图层进行命名，如果没有命名，那么图层将以“图层 1”、“图层 2”……的顺序命名排列。 (　　)用于删除当前选择的图层，只能删除未被参照的图层。参照的图层包括 0 图层、DEFPOINTS 图层、包含对象(包括块定义中的对象)的图层、当前图层，以及依赖外部参照的图层。 (　　)将选择的图层设置为当前图层，用户所绘制的图形都位于当前图层上。 (　　)用于在所有视口中冻结或解冻图层，冻结时按钮呈  显示，此时图层中包含的对象无法显示、打印、消隐、渲染或重生成；解冻时按钮呈  显示。 (　　)用于锁定或解锁图层，锁定图层中的对象将无法进行修改，锁定时按钮呈  显示，解锁后按钮呈  显示。 ①  “删除图层”　②锁定　③  “新建图层”　④  “置为当前”　⑤冻结	

(7) 学习【链接知识 K904 删除、移动】。

(8) 完成【专项训练 K904 删除、移动】，如表 7.6.4 所示。

表 7.6.4　专项训练 K904 删除、移动

序号	训 练 内 容	备注
1	请将正确答案的序号填到对应的横线上。 移动是将一个图形从现在的位置挪动到一个______的新位置，图形______和______不会发生改变。使用 Move(移动)命令可以移动图形，需要指定______将要移动的______和______。 ①方向　②指定　③大小　④距离　⑤对象	
2	请将正确答案的序号填到对应的横线上。 可通过______、______来指定如何移动对象。 ①方向法　②位移法　③大小法　④基点/第二点法	

(9) 学习【链接知识 K905 尺寸标注】。

(10) 完成【专项训练 K905 尺寸标注】，如表 7.6.5 所示。

表 7.6.5 专项训练 K904 尺寸标注

序号	训练内容	备注
1	请将正确答案的序号填到对应位置。 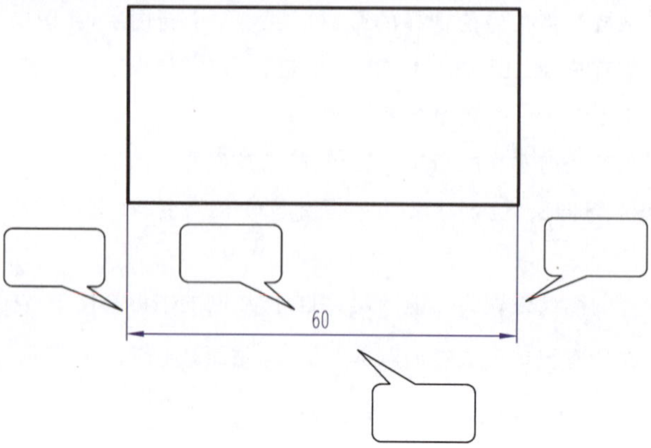 ①尺寸线 ②尺寸界线 ③标注文本	
2	(1) 请在横线上写出用智能标注命令标线性尺寸的操作步骤。 ____________________ ____________________ (2) 请在横线上写出用智能标注命令标圆或圆弧尺寸的操作步骤。 ____________________ ____________________ (3) 请在横线上写出用智能标注命令标角度尺寸的操作步骤。 ____________________ ____________________	
3	请将正确答案的序号填到对应位置。 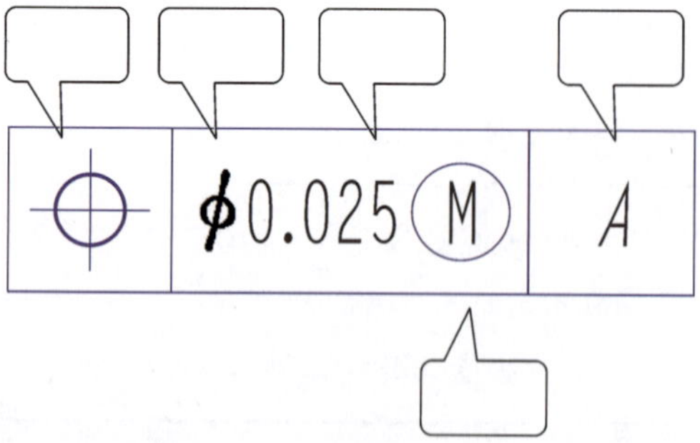 ①直径符号 ②特征符号 ③公差值 ④基准参照字母 ⑤包容条件符号	

续表

序号	训练内容	备注
4	请将对应的功能与其描述进行连线。 符号　　　　　用于设置公差的直径符号、公差值和附加符号。 公差 1/公差 2　　用于设置基准参照字母。 基准 1/2/3　　　设置公差标注的特征符号，单击白色长方块将打开“特征符号”对话框。	
5	请抄画下图。 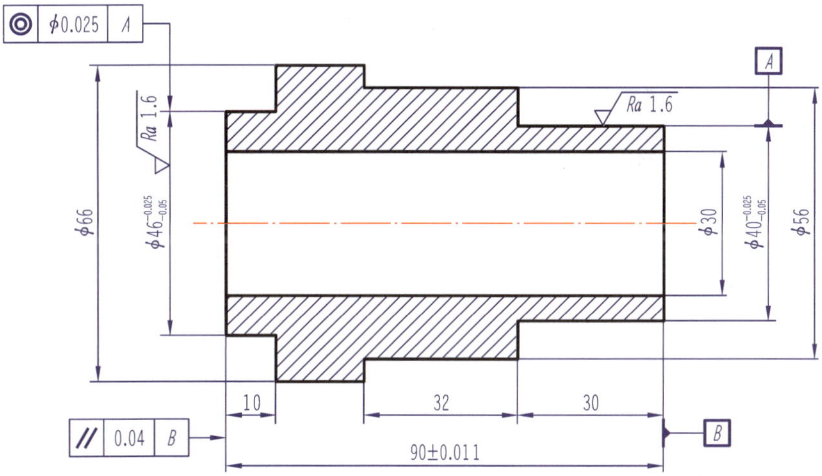	

（11）学习【链接知识 K906 技术要求编辑】。

（12）完成【专项训练 K906 技术要求编辑】，如表 7.6.6 所示。

表 7.6.6　专项训练 K906 技术要求编辑

序号	训练内容	备注
1	按要求完成文字设置并编辑如下技术要求。 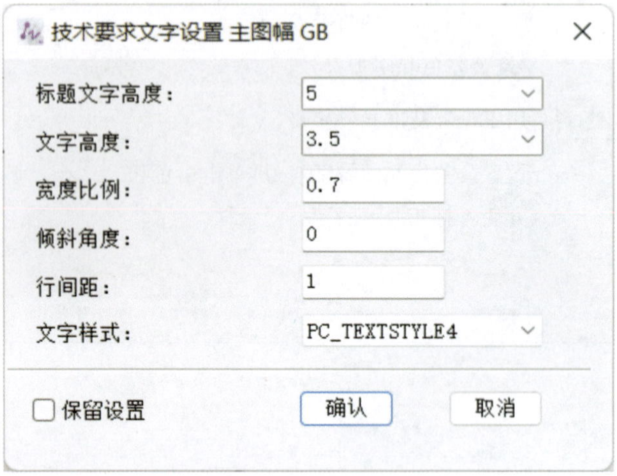  	

（13）学习【链接知识 K907 输出 PDF 文档】。

（14）完成【专项训练 K907 输出 PDF 文档】，如表 7.6.7 所示。

表 7.6.7 专项训练 K907 输出 PDF 文档

序号	训练内容	备注
1	使用中望 CAD 软件抄画下面齿轮轴零件图,并输出 PDF 文档后完成打印。 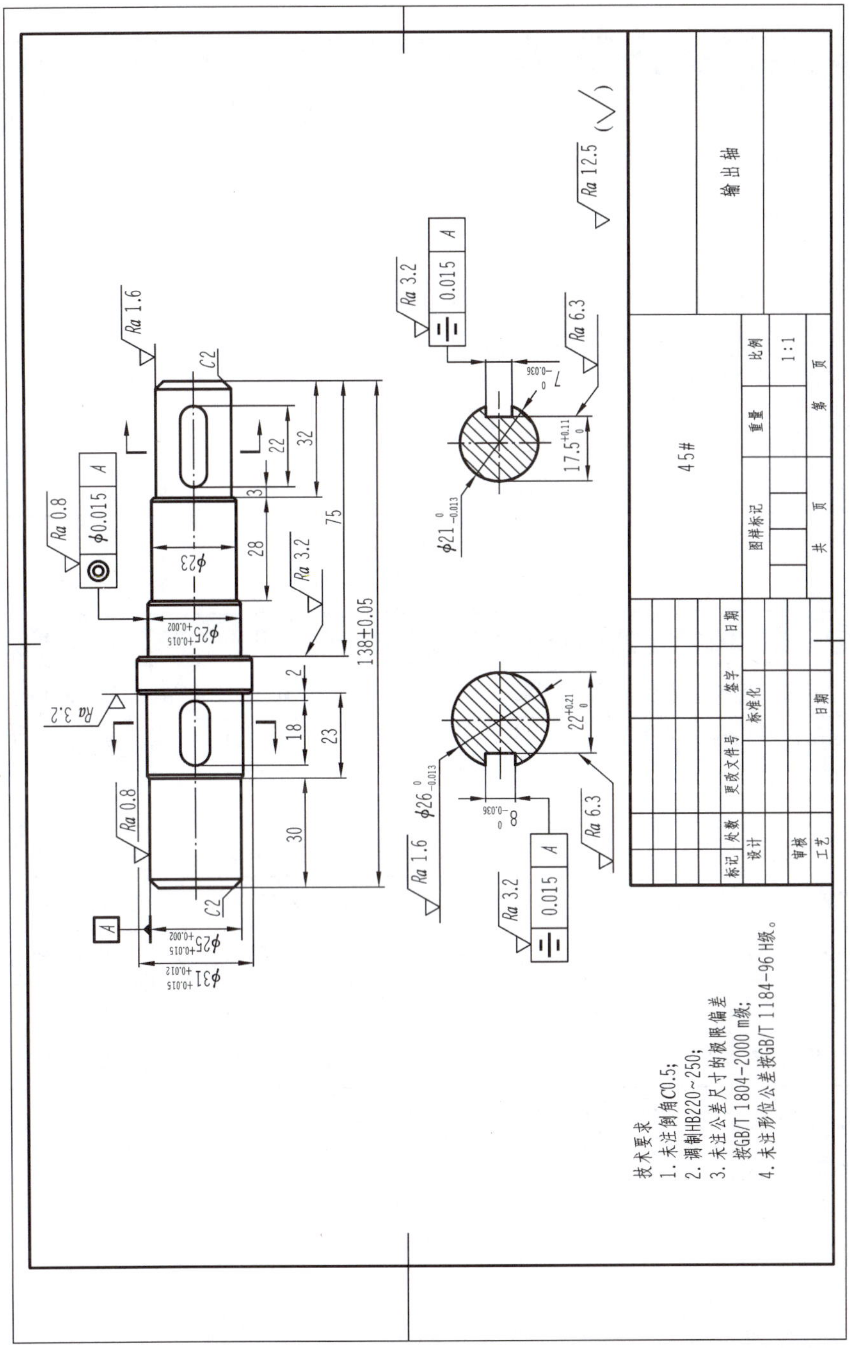	

【任务评价】

完成【任务 6 绘制齿轮轴 CAD 零件图】后，请如实填写表 7.6.8 和表 7.6.9。

表 7.6.8 【绘制齿轮轴 CAD 零件图】任务评价表

评价项目	评价标准	评价等级		
认识界面	认识、掌握透彻	A□	B□	C□
图幅设置	掌握	A□	B□	C□
图层设置	掌握	A□	B□	C□
移动命令	掌握	A□	B□	C□
智能标注命令、几何公差标注命令、表面粗糙度标注命令	掌握	A□	B□	C□
技术要求编辑命令	掌握	A□	B□	C□
输出 PDF 文档	能正确输出 PDF 文档	A□	B□	C□

表 7.6.9 【绘制齿轮轴 CAD 零件图】8S 评价表

序号	项目	自评	组长评价	教师评价
1	整理(SEIRI)	A□ B□ C□	A□ B□ C□	A□ B□ C□
2	整顿(SEITON)	A□ B□ C□	A□ B□ C□	A□ B□ C□
3	清扫(SEISO)	A□ B□ C□	A□ B□ C□	A□ B□ C□
4	清洁(SEIKETSU)	A□ B□ C□	A□ B□ C□	A□ B□ C□
5	素养(SHITSUKE)	A□ B□ C□	A□ B□ C□	A□ B□ C□
6	安全(SAFETY)	A□ B□ C□	A□ B□ C□	A□ B□ C□
7	节约(SAVE)	A□ B□ C□	A□ B□ C□	A□ B□ C□
8	学习(STUDY)	A□ B□ C□	A□ B□ C□	A□ B□ C□

注：评价等级中的“A”对应“好”、“B”对应“一般”、“C”对应“差”。

学生：________ 组长：________ 教师：________

任务7 装配齿轮轴系零件

【任务描述】

使用中望3D软件装配如图7.7.1所示的减速器齿轮轴系零件。

图7.7.1 齿轮轴系零件的装配示意图

【知识目标】

(1) 装配设计界面(K501);

(2) 装配管理(K502);

(3) 组件装配(K503);

(4) 装配约束(K504);

(5) 编辑与查询(K505)。

【技能目标】

(1) 中望3D装配模块功能的应用;

（2）齿轮轴和输入轴的装配；

（3）齿轮轴系齿轮啮合的装配。

【任务准备】

齿轮轴系零件(单级圆柱直齿轮减速器部件)、电脑、笔等。

【任务实施】

（1）学习【链接知识 K501 装配设计界面】。

（2）完成【专项训练 K501 装配设计界面】，如表 7.7.1 所示。

表 7.7.1　专项训练 K501 装配设计界面

序号	训练内容	备注
1	请选择正确选项。 （1）装配完成的装配体主要包括哪些项目？（多选）(　　) A. 总装配体　B. 子装配体　C. 各零部件 D. 装配约束记录　E. 特征节点　F. PMI 数据 （2）装配选项卡包含(多选)(　　)。 A. 组件　B. 约束　C. 基础编辑　D. 库 E. 查询　F. 动画　G. 参考　H. 爆炸视图	

（3）学习【链接知识 K502 装配管理】。

（4）完成【专项训练 K502 装配管理】，如表 7.7.2 所示。

表 7.7.2　专项训练 K502 装配管理

序号	训练内容	备注
1	请写出组成子装配体的优点。	

续表

序号	训练内容	备注
2	请分别写出齿轮轴和输入轴组成子装配体各部分的零件名称。 （1）齿轮轴。 （2）输入轴。	

（5）学习【链接知识 K503 组件装配】。

（6）完成【专项训练 K503 组件装配】，如表 7.7.3 所示。

表 7.7.3　专项训练 K503 组件装配

序号	训练内容	备注
1	请简要写出“插入”命令和“插入多组件”命令的区别及运用。 （1）两者的区别。 （2）“插入”命令的运用。 （3）“插入多组件”命令的运用。	

(7) 学习【链接知识 K504 装配约束】。

(8) 完成【专项训练 K504 装配约束】,如表 7.7.4 所示。

表 7.7.4　专项训练 K504 装配约束

序号	训练内容	备注
1	请选择正确选项。 齿轮轴与齿轮轴装配所用到的约束有(多选)(　　　　　　)。 A. 重合　B. 相切　C. 同心　D. 平行　E. 垂直　F. 角度 G. 锁定　H. 距离　I. 置中　J. 对称　K. 坐标　L. 啮合 M. 路径　N. 线性耦合　O. 齿轮齿条　P. 螺旋　Q. 槽 R. 凸轮　S. 万向节　T. 带轮　U. 固定	
2	请根据图示及说明,填写正确的约束方式。 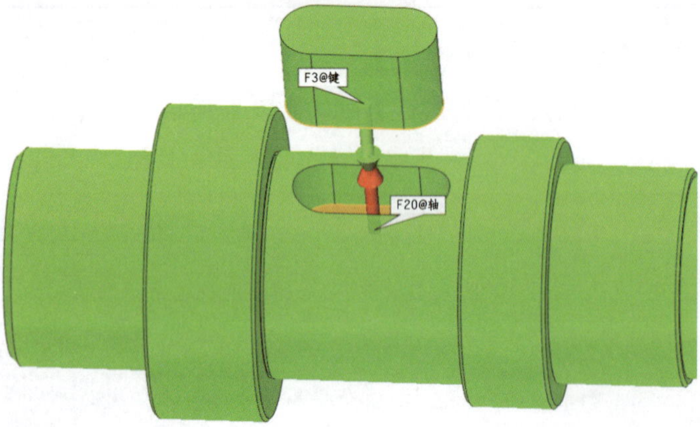 配合说明:将键安装在轴内。 配合约束名称:________。  配合说明:将齿轮套在轴上。 配合约束名称:________。	

续表

<table>
<tr><th>序号</th><th>训练内容</th><th>备注</th></tr>
<tr><td>2</td><td>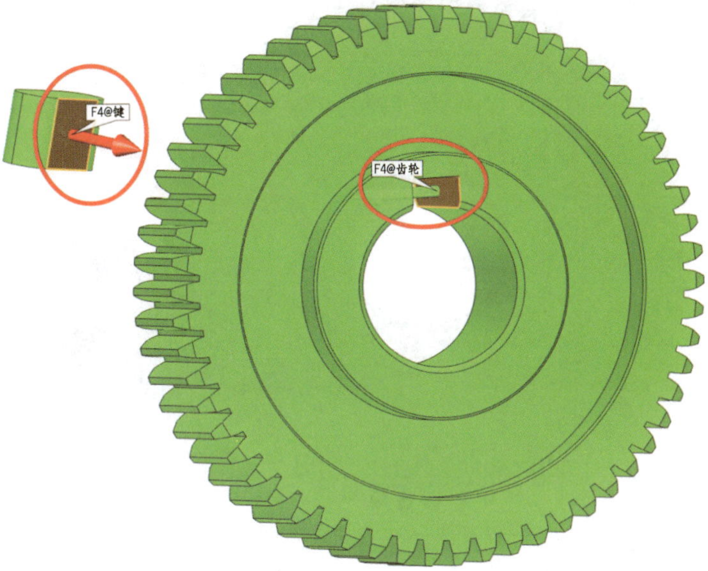

配合说明：将齿轮平行放入键槽中。
配合约束名称：________。
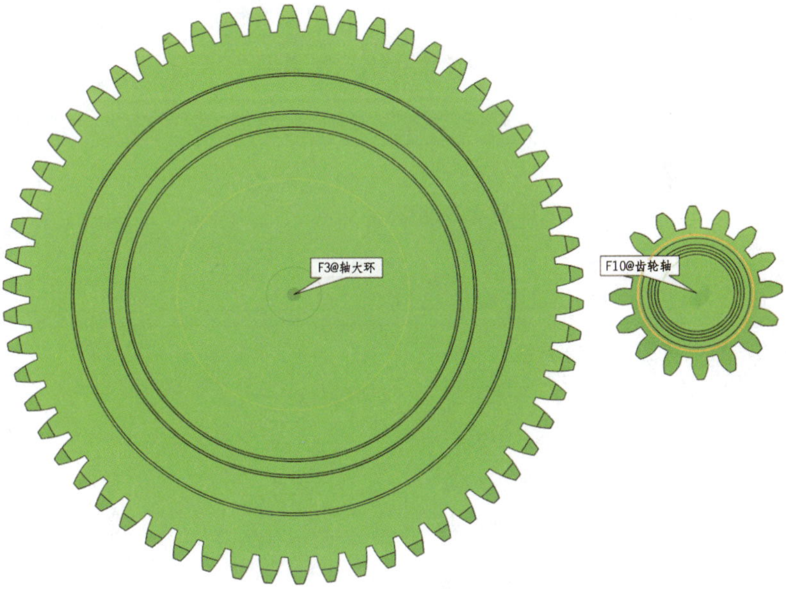

配合说明：控制两齿轮啮合之间的中心距。
配合约束名称：________。</td><td></td></tr>
</table>

续表

序号	训练内容	备注
2	 配合说明：控制两齿轮啮合转动。 配合约束名称：________。	

(9) 学习【链接知识 K505 编辑与查询】。

(10) 完成【专项训练 K505 编辑与查询】，如表 7.7.5 所示。

表 7.7.5　专项训练 K505 编辑与查询

序号	训练内容	备注
1	请选择正确选项。 调整零件相对位置所用到的功能名称有（多选）（　　　　）。 A. 阵列　B. 移动　C. 镜像　D. 剪切　E. 孔 F. 圆角　G. 倒角　H. 旋转　I. 拖拽	
2	请填写约束状态对应的颜色。 约束状态　对应颜色 无约束　________ 缺少约束　________ 明确约束　________ 固定　________ 过约束　________ 约束冲突　________ 范围之外　________	

(11) 完成【专项训练 齿轮轴的装配】,如表 7.7.6 所示。

表 7.7.6 专项训练 齿轮轴的装配

<table>
<tr><th>序号</th><th>训练内容</th><th>备注</th></tr>
<tr><td>1</td><td>请对步骤进行排序。
步骤______:确定基准件或固定件。
步骤______:检查装配约束状态。
步骤______:新建装配设计文件。
步骤______:给各零件添加约束。
步骤______:插入需要装配的零件并摆放至合适位置。</td><td></td></tr>
<tr><td>2</td><td>请根据图片,完成齿轮轴的装配。
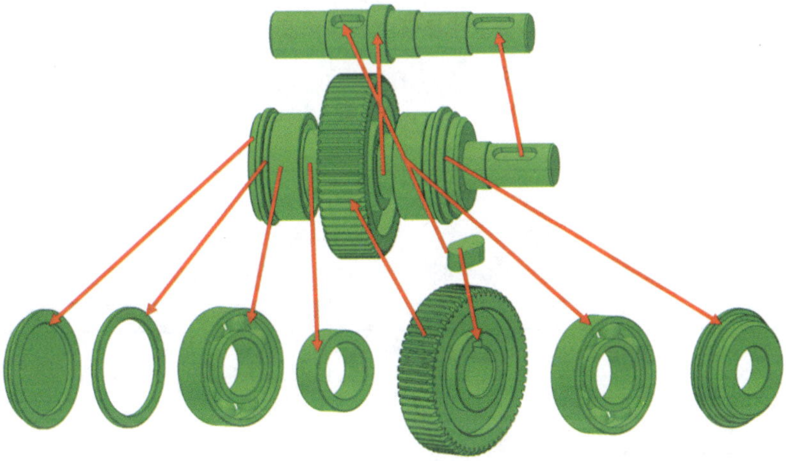</td><td></td></tr>
<tr><td>3</td><td>请根据图片完成输入轴的装配。
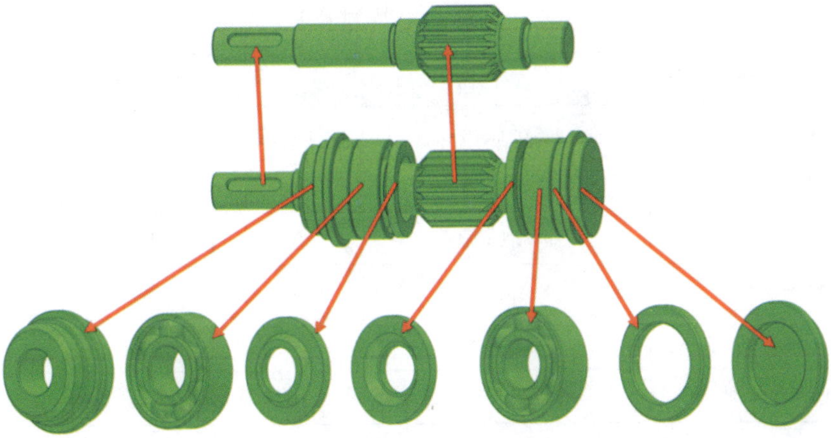</td><td></td></tr>
</table>

续表

序号	训练内容	备注
4	请写出两直齿圆柱齿轮的啮合中心距计算过程。	

【任务评价】

完成【任务 7 装配齿轮轴系零件】后，请如实填写表 7.7.7 和表 7.7.8。

表 7.7.7 【装配齿轮轴系零件】任务评价表

评价项目	评价标准	评价等级		
装配模块的使用	熟练流畅	A□	B□	C□
装配流程	逻辑正确	A□	B□	C□
零件约束	清晰明确	A□	B□	C□
齿轮轴装配	装配正确	A□	B□	C□
输入轴装配	装配正确	A□	B□	C□
齿轮啮合装配	装配正确	A□	B□	C□

表 7.7.8 【装配齿轮轴系零件】8S 评价表

序号	项　　目	自　　评	组长评价	教师评价
1	整理(SEIRI)	A□　B□　C□	A□　B□　C□	A□　B□　C□
2	整顿(SEITON)	A□　B□　C□	A□　B□　C□	A□　B□　C□
3	清扫(SEISO)	A□　B□　C□	A□　B□　C□	A□　B□　C□
4	清洁(SEIKETSU)	A□　B□　C□	A□　B□　C□	A□　B□　C□
5	素养(SHITSUKE)	A□　B□　C□	A□　B□　C□	A□　B□　C□
6	安全(SAFETY)	A□　B□　C□	A□　B□　C□	A□　B□　C□
7	节约(SAVE)	A□　B□　C□	A□　B□　C□	A□　B□　C□
8	学习(STUDY)	A□　B□　C□	A□　B□　C□	A□　B□　C□

注：评价等级中的“A”对应“好”、“B”对应“一般”、“C”对应“差”。

学生：______________　组长：______________　教师：______________

任务8 绘制箱盖三维模型图

【任务描述】

测量减速器箱盖实物尺寸，填写测量数据图表，并使用中望 3D 软件完成其三维模型的建模。

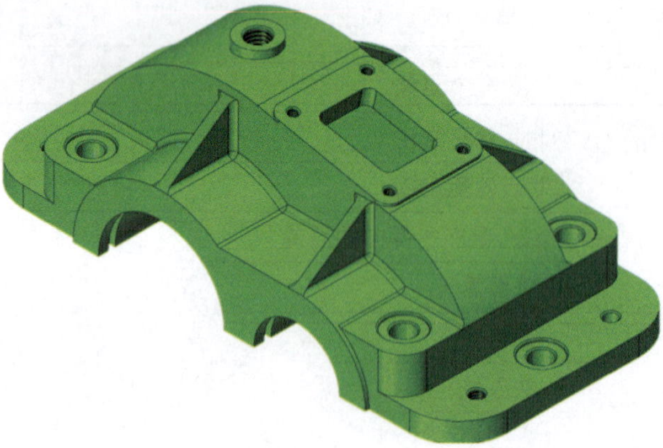

图 7.8.1 减速器箱盖的三维模型图

【知识目标】

(1) 基本体(K401.1)；

(2) 圆角(K402.1)；

(3) 孔(K402.4)；

(4) 拉伸(K401.2)；

(5) 简化(K403.6)；

(6) 面偏移(K403.1)；

(7) 实体镜像(K404.2)；

(8) 基准 CSYS(K405.2)；

(9) 筋(K402.5)；

(10) 倒角(K402.2)。

【技能目标】

（1）减速器箱盖三维建模；

（2）减速器箱座三维建模。

【任务准备】

0～200 mm 游标卡尺、中心距卡尺、R 规（R5～R60）、0～150 mm 深度尺、螺纹规、万能角度尺、计算机等。

【任务实施】

（1）学习【链接知识 K701 减速器箱盖建模分析】。

（2）完成【专项训练 K701 减速器箱盖建模分析】，如表 7.8.1 所示。

表 7.8.1 专项训练 K701 减速器箱盖建模分析

序号	训练内容	备注
1	根据左侧建模流程图，在右侧填写正确序号。 （可以创新建模流程） 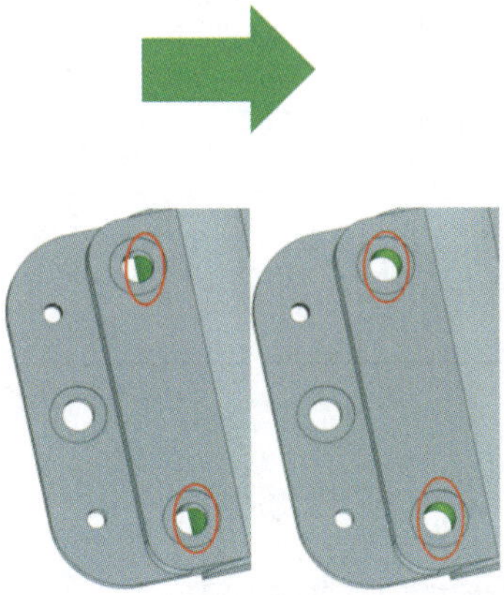 （　　）	

续表

序号	训练内容		备注
1	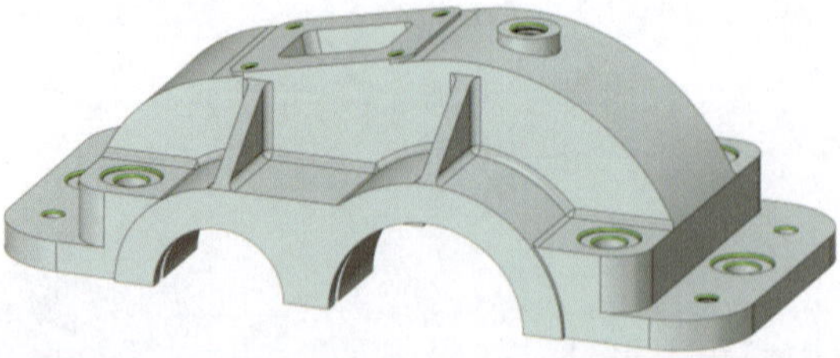	(　　)	
	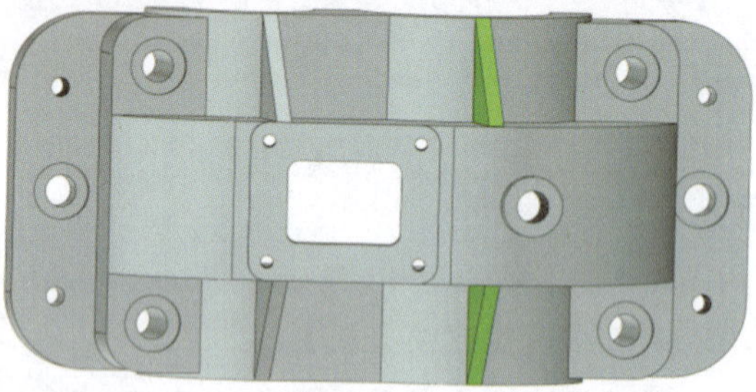	(　　)	
	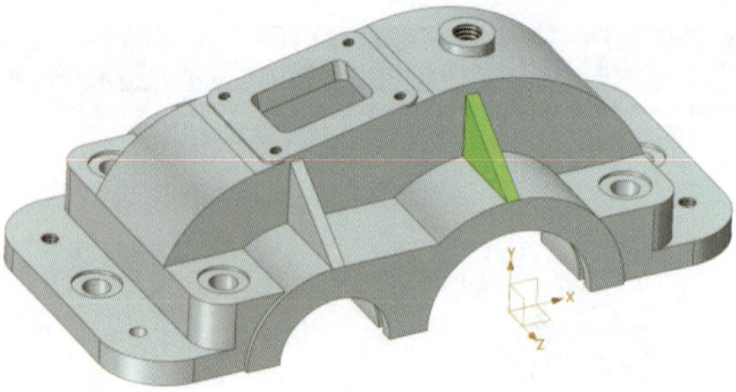	(　　)	
	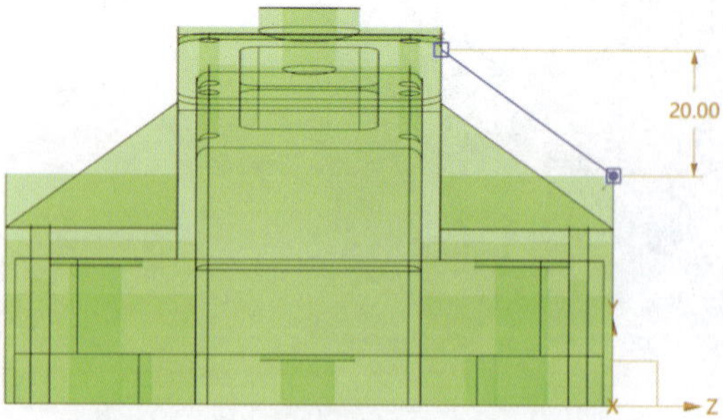	(　　)	

续表

序号	训练内容	备注
1	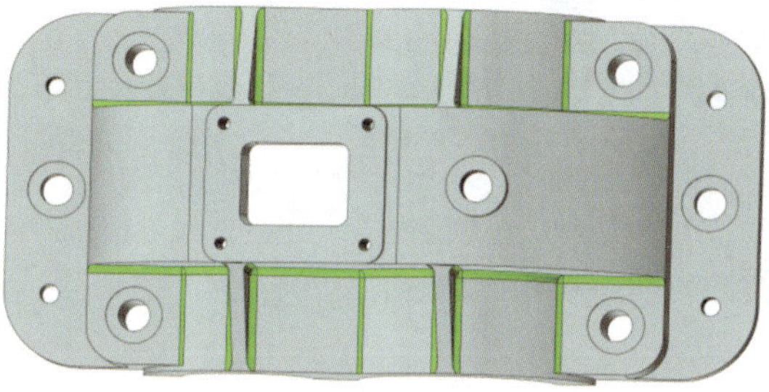 (　　) 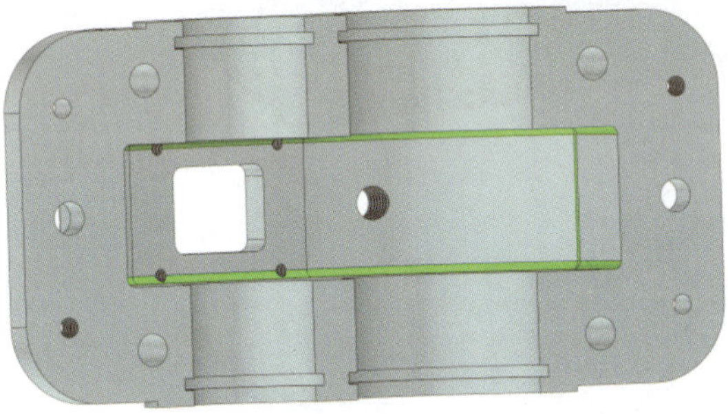 (　　) 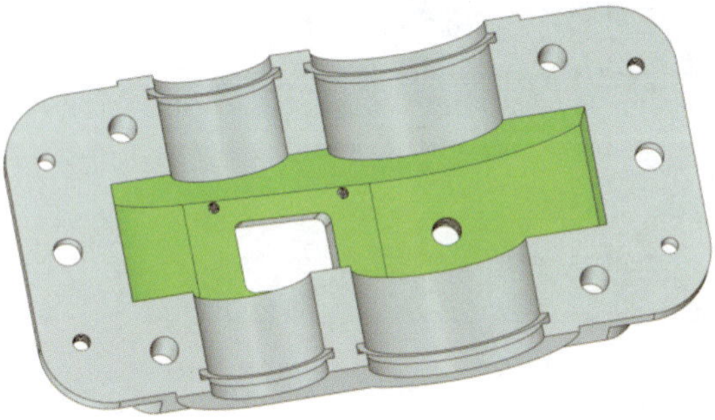 (　　) 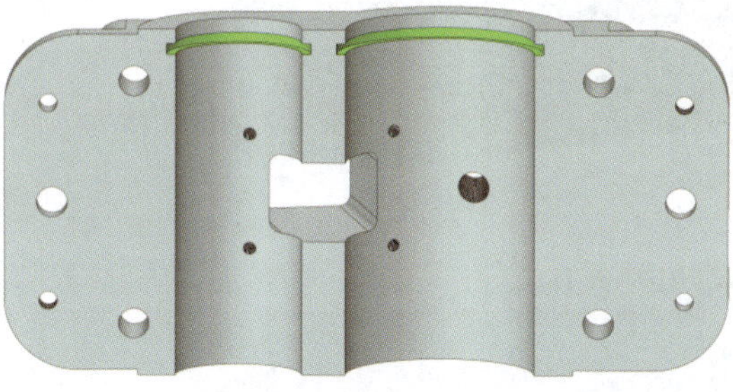 (　　)	

续表

<table>
<tr><th>序号</th><th>训练内容</th><th>备注</th></tr>
<tr><td>1</td><td>
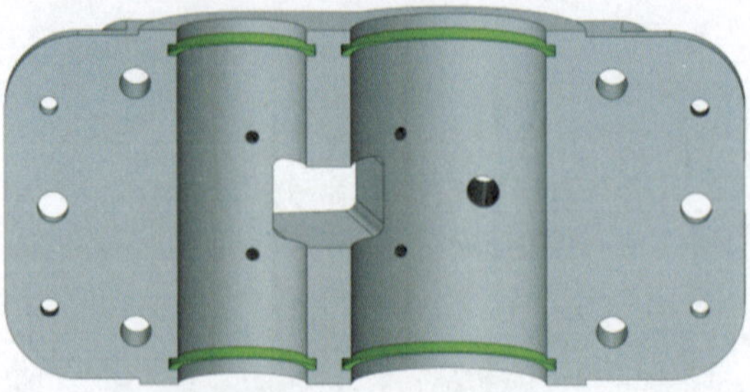
（ ）

（ ）
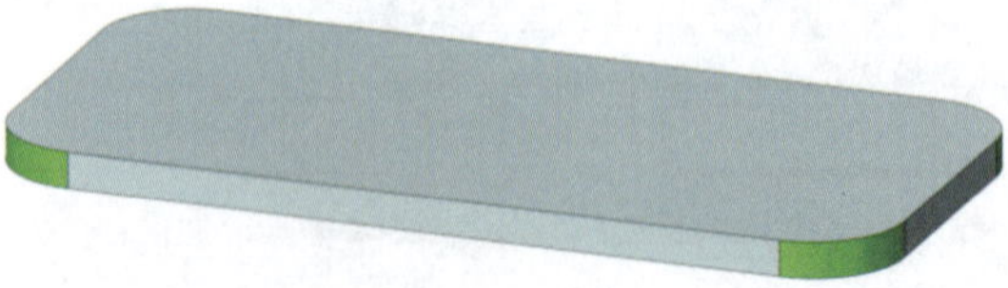
（ ）
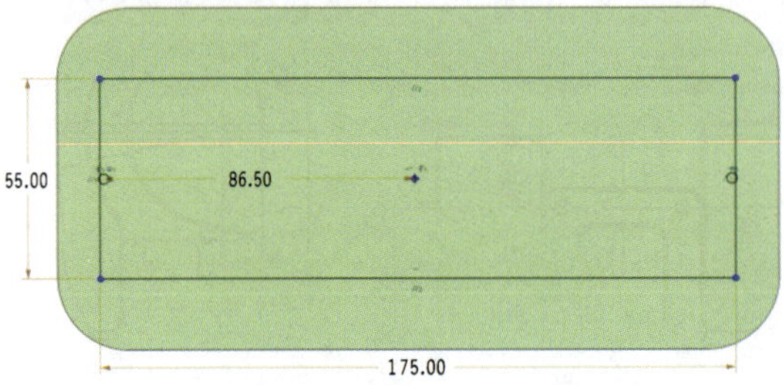

（ ）

（ ）
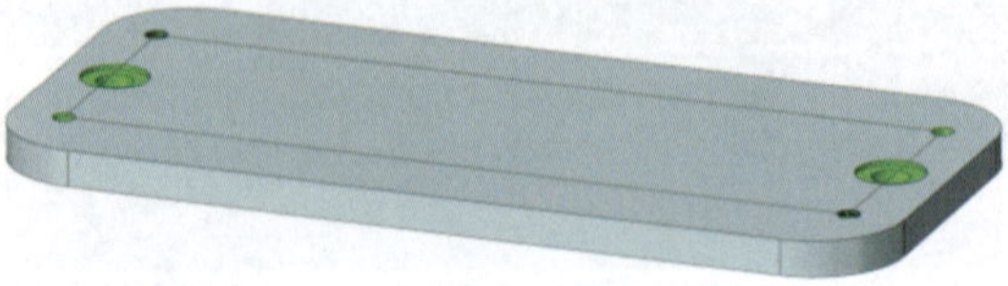
（ ）
</td><td></td></tr>
</table>

续表

序号	训练内容	备注
1	 (　　) 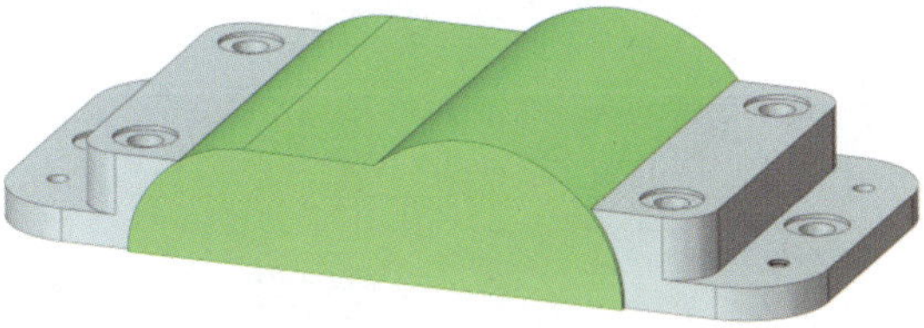 (　　) 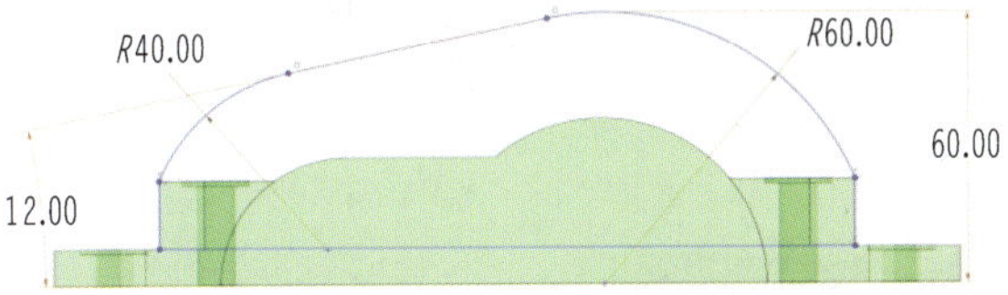 (　　) 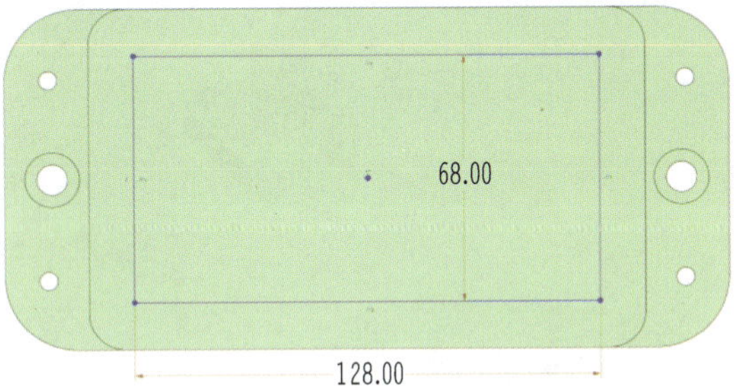 (　　) 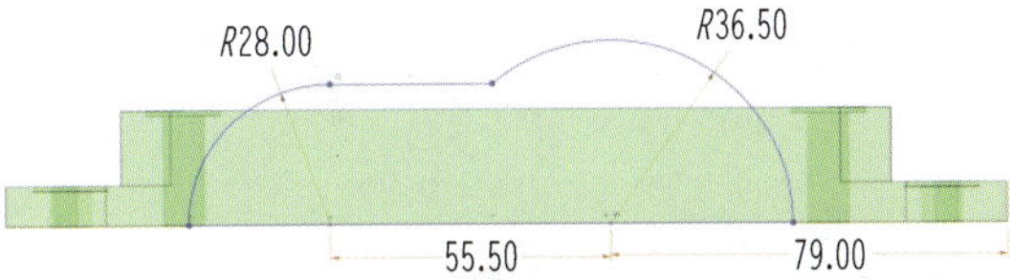 (　　) 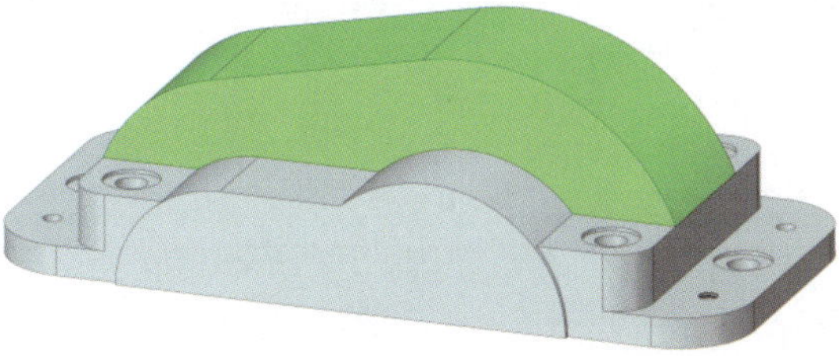 (　　)	

续表

序号	训练内容	备注
1	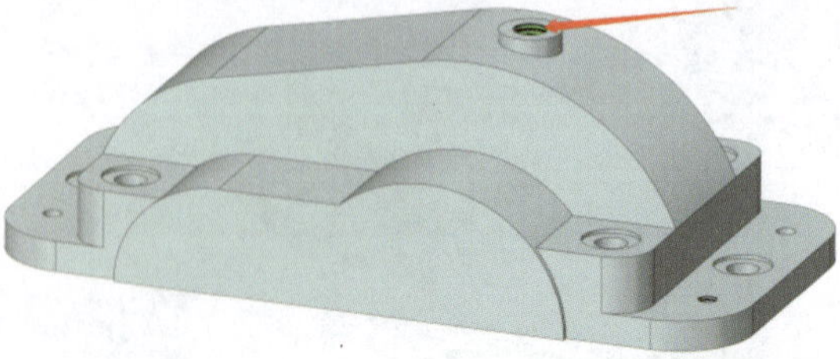 （　　） 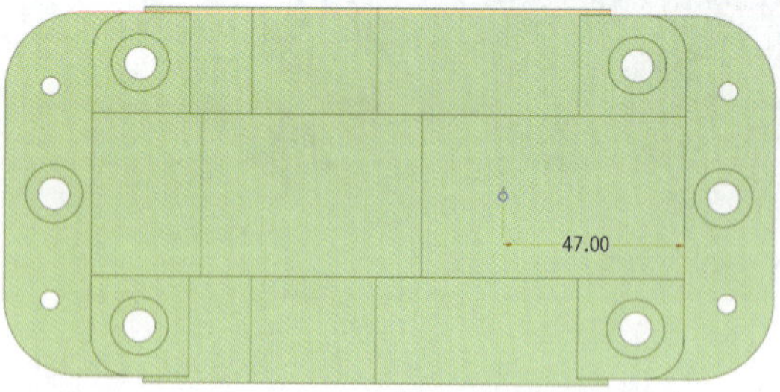 （　　） 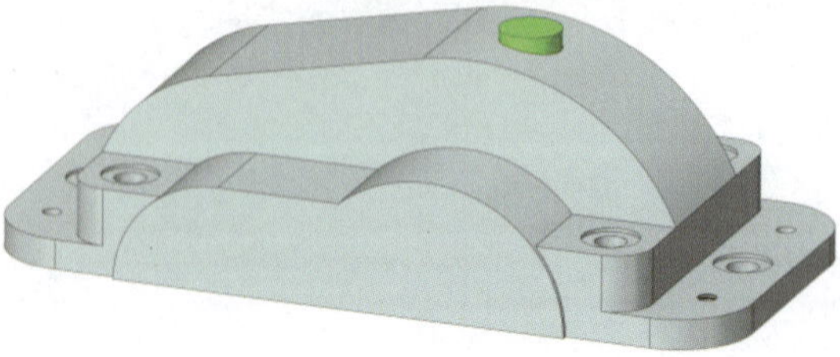 （　　） 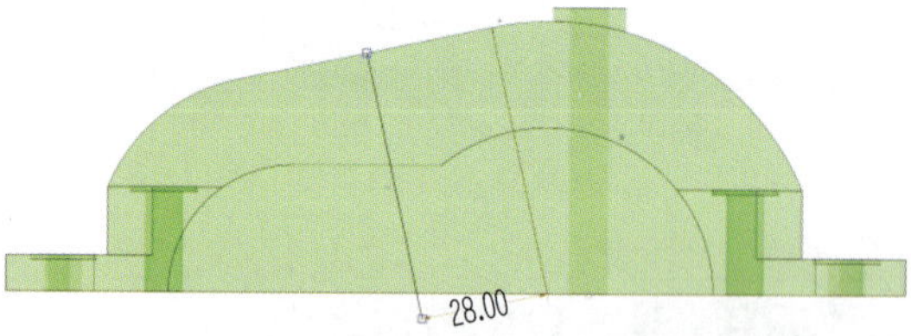 （　　）  （　　）	

续表

序号	训练内容	备注
1	（见下图，各图后括号：（　））	

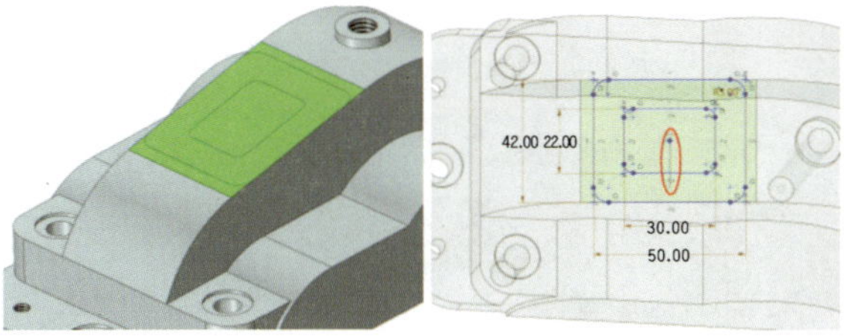

（　　）

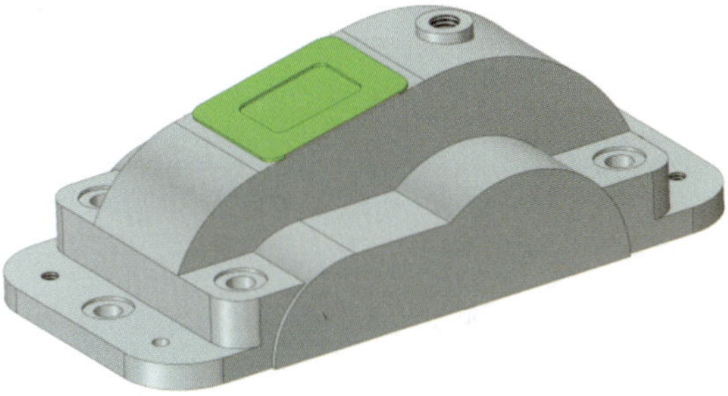

（　　）

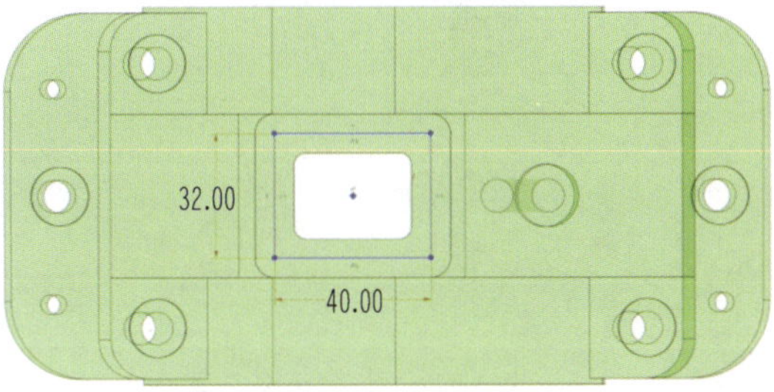

（　　）

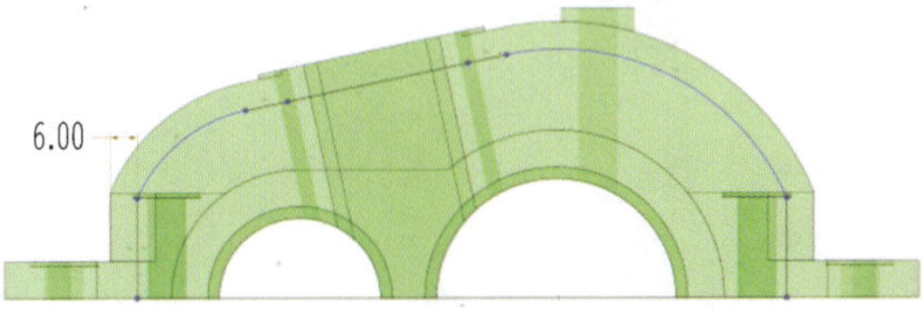

（　　）

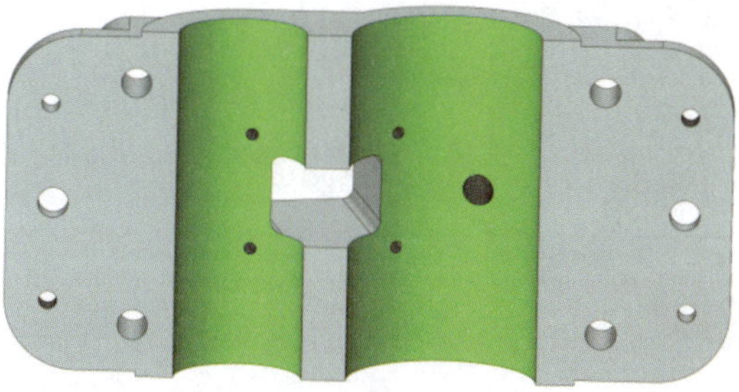

（　　）

续表

序号	训练内容	备注
1	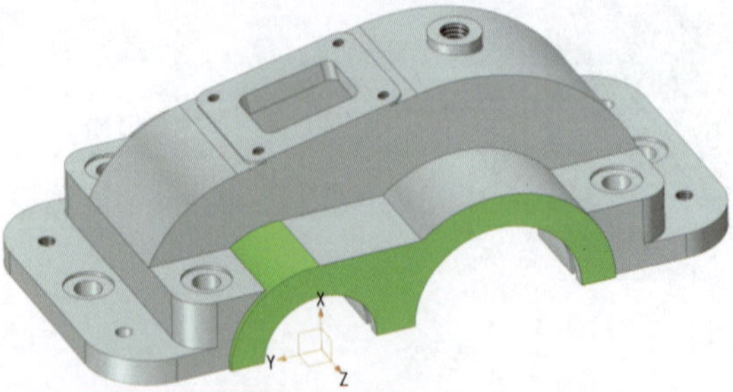 (　　) 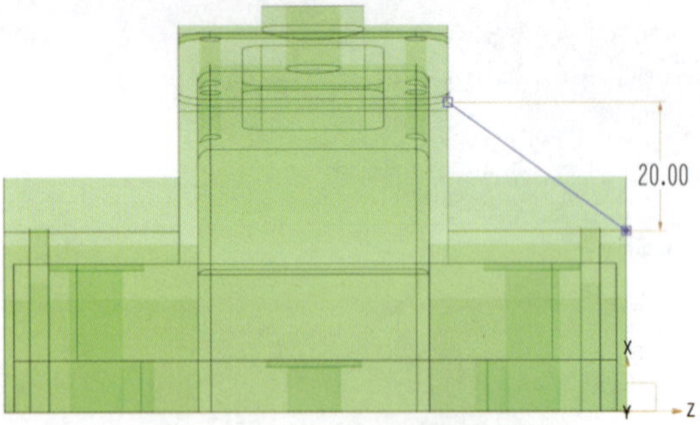 (　　) 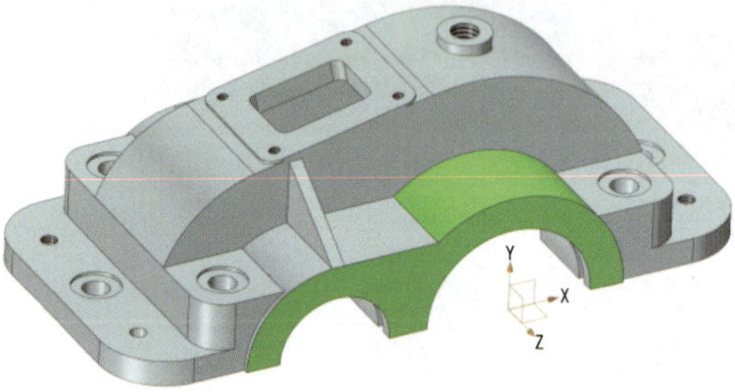 (　　) 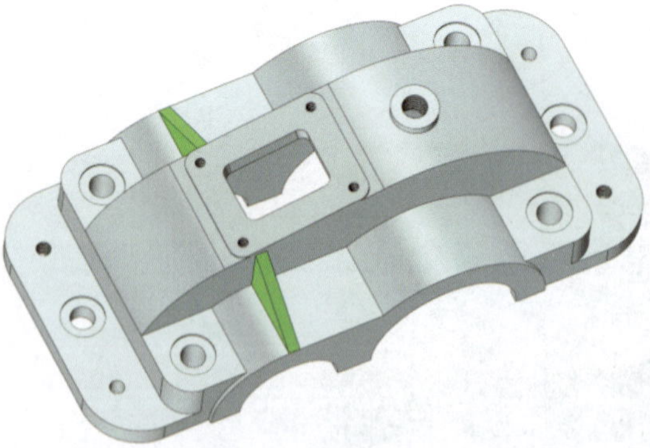 (　　)	

续表

<table>
<tr><th>序号</th><th>训练内容</th><th>备注</th></tr>
<tr><td>1</td><td>
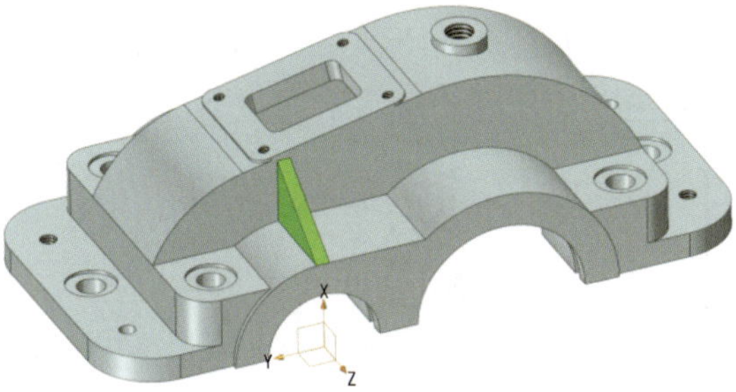

(　　)
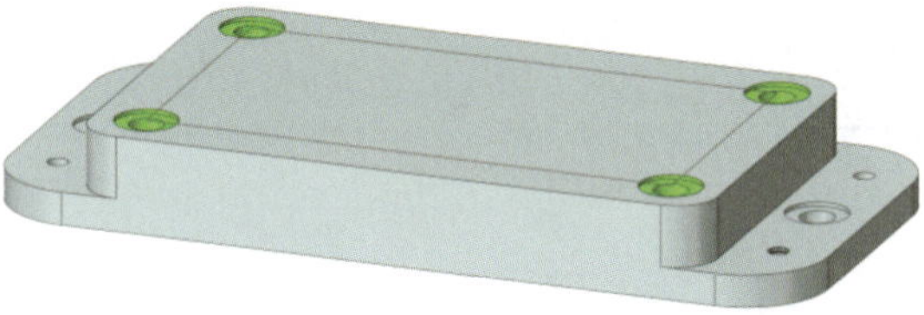
(　　)
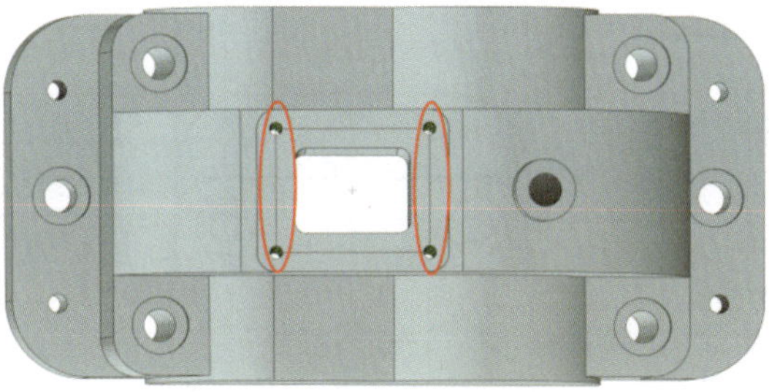
(　　)
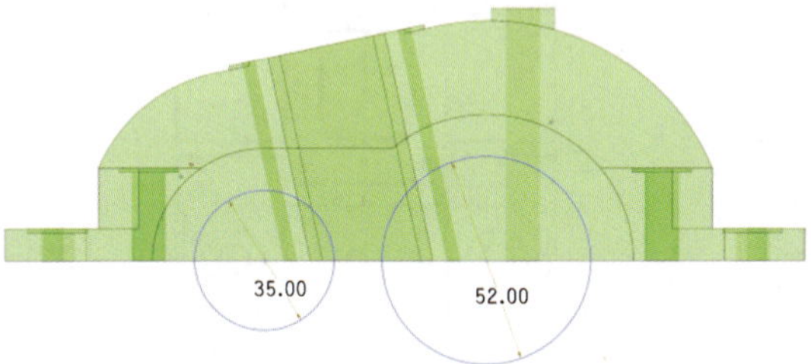

(　　)
</td><td></td></tr>
</table>

(3) 测量减速器箱盖实体零件，并填写图 7.8.2 中的尺寸。

(4) 学习【链接知识 K401.1 基本体】。

(5) 完成【专项训练 K401.1 基本体】，如表 7.8.2 所示。

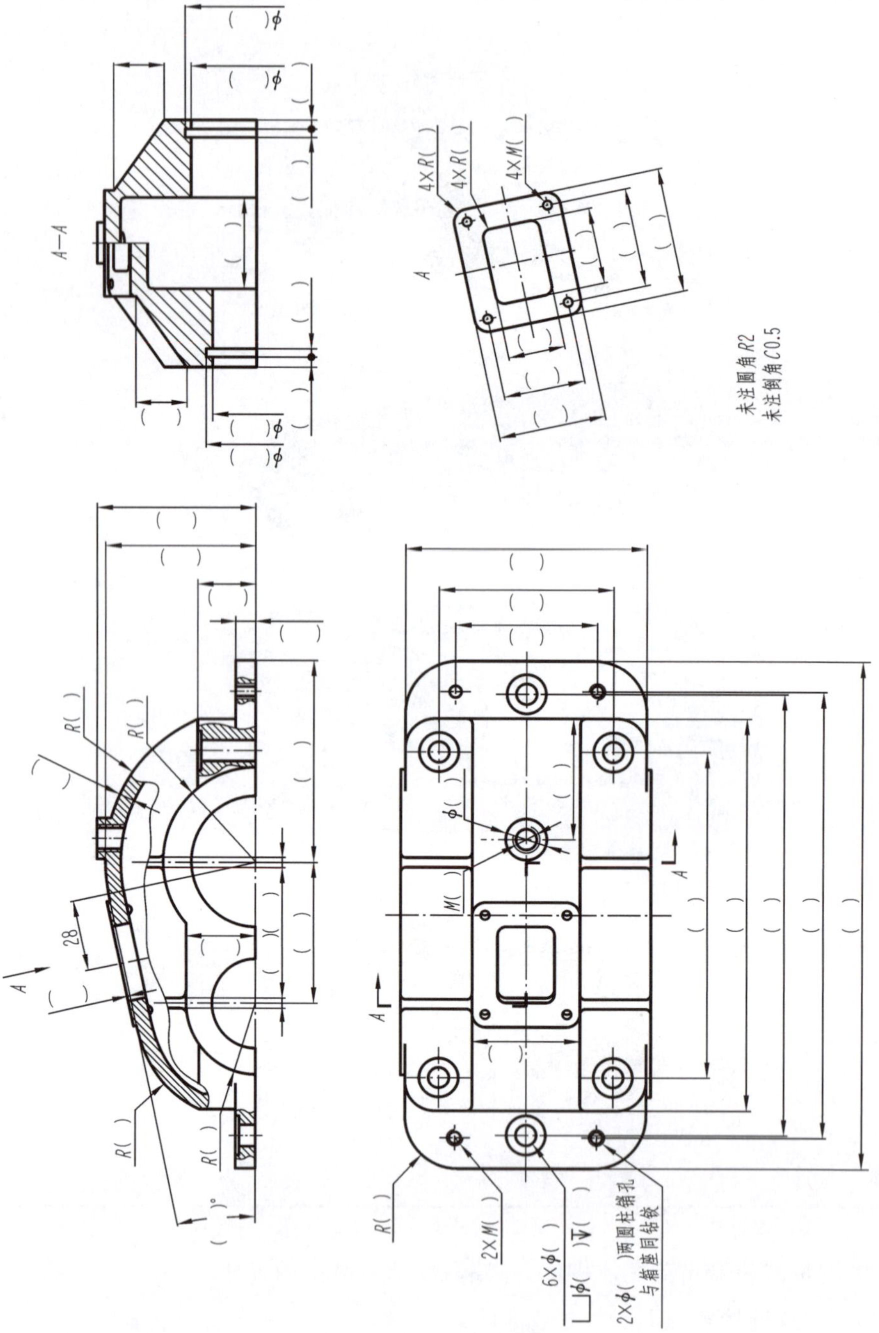

图 7.8.2　箱盖测绘图

表 7.8.2 专项训练 K401.1 基本体

序号	训练内容	备注
1	请用"○"圈出能用"基本体"命令创建的形体名称。 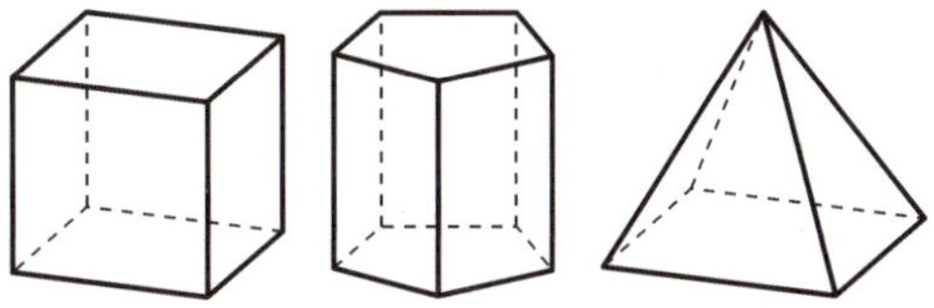 六面体 棱柱体 棱锥体 圆柱体 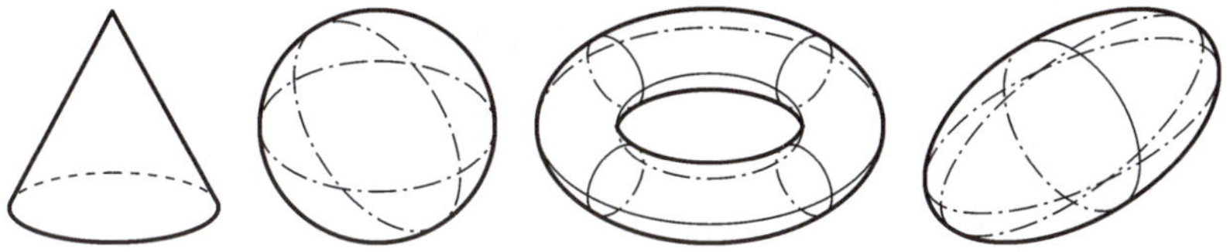 圆锥体 球体 圆环体 椭球体	
2	请将图片与其对应的名称进行连线，并用"○"圈出适用于箱盖建模的定位方式名称。  中心 角点 中心-高度 角点-高度	
3	使用中望 3D 软件，完成下面的建模练习。 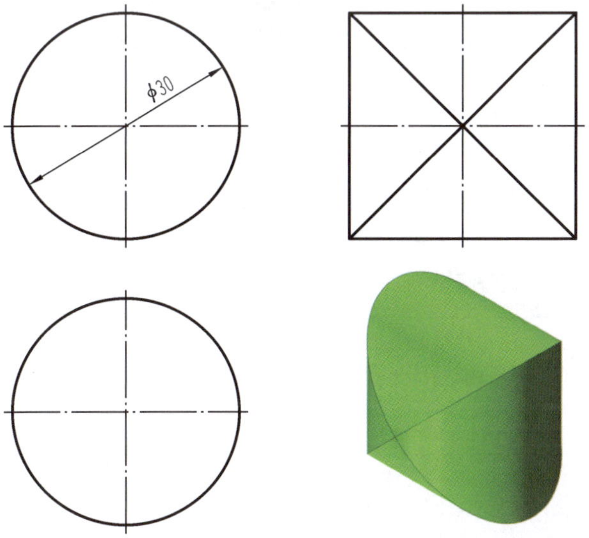 	

续表

序号	训练内容	备注
4	使用计算机完成箱盖建模的第 1 步。 已完成：　　是□　　否□	

(6) 学习【链接知识 K402.1 圆角】。

(7) 完成【专项训练 K402.1 圆角】，如表 7.8.3 所示。

表 7.8.3　专项训练 K402.1 圆角

序号	训练内容	备注
1	请选择正确选项。 请选择圆角的快捷使用方式(多选)(　　)。 A. 设置圆角的快捷键 B. 鼠标右击圆角处轮廓线 C. 鼠标左键双击圆角处轮廓线 D. 鼠标中键双击圆角处轮廓线	
2	使用计算机完成箱盖建模第 2 步。 已完成：　　是□　　否□	

(8) 学习【链接知识 K402.4 孔】。

(9) 完成【专项训练 K402.4 孔】，如表 7.8.4 所示。

表 7.8.4　专项训练 K402.4 孔

序号	训练内容	备注
1	请将创建间隙孔时的孔规格填写在横线上。 孔造型：________________。 标准：________________。 螺旋类型：________________。 尺寸：________________。 配合：________________。	
2	请使用计算机完成箱盖建模第 3～4 步。 已完成：　　是□　　否□	

(10) 学习【链接知识 K401.2 拉伸】。

(11) 完成【专项训练 K401.2 拉伸】，如表 7.8.5 所示。

表 7.8.5　专项训练 K401.2 拉伸

序号	训练内容	备注
1	请用“○”圈出“拉伸”功能必须设置的参数。 轮廓　布尔运算　拔模角度　转换　起始点　结束点 设置轮廓封口　拉伸类型　偏移　方向	
2	请使用计算机完成箱盖建模第 5～10 步。 已完成：　是□　否□	

(12) 学习【链接知识 K403.6 简化】。

(13) 完成【专项训练 K403.6 简化】,如表 7.8.6 所示。

表 7.8.6　专项训练 K403.6 简化

序号	训练内容	备注
1	请在能够完成简化效果的图下打“√”。 简化前    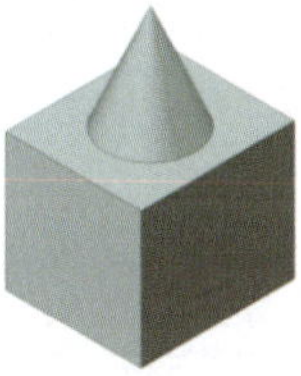 简化圆角特征　简化槽为通槽　简化单一实体　简化凸台特征 简化后   （无实体）  能否完成 ________　________　________　________	
2	请使用计算机完成箱盖建模第 11～19 步。 已完成：　是□　否□	

(14) 学习【链接知识 K403.1 面偏移】。

(15) 完成【专项训练 K403.1 面偏移】,如表 7.8.7 所示。

表 7.8.7 专项训练 K403.1 面偏移

序号	训练内容	备注
1	请使用计算机完成箱盖建模第 20～25 步。 已完成：　是□　否□	

(16) 学习【链接知识 K404.2 实体镜像】。

(17) 完成【专项训练 K404.2 实体镜像】，如表 7.8.8 所示。

表 7.8.8 专项训练 K404.2 实体镜像

序号	训练内容	备注
1	请用“○”圈出“实体镜像”功能可以镜像的对象。 造型　零件　曲线　点　草图　基准面　特征	
2	请使用计算机完成箱盖建模第 26～29 步。 已完成：　是□　否□	

(18) 学习【链接知识 K405.2 基准 CSYS】。

(19) 完成【专项训练 K405.2 基准 CSYS】，如表 7.8.9 所示。

表 7.8.9 专项训练 K405.2 基准 CSYS

序号	训练内容	备注
1	请使用计算机完成箱盖建模第 30～31 步。 已完成：　是□　否□	

(20) 学习【链接知识 K402.5 筋】。

(21) 完成【专项训练 K402.5 筋】，如表 7.8.10 所示。

表 7.8.10 专项训练 K402.5 筋

序号	训练内容	备注
1	请使用计算机完成箱盖建模第 32～38 步。 已完成：　是□　否□	

(22) 学习【链接知识 K402.2 倒角】。

(23) 完成【专项训练 K402.2 倒角】，如表 7.8.11 所示。

表 7.8.11　专项训练 K402.2 倒角

序号	训练内容	备注
1	请使用计算机完成箱盖建模第 39 步。 已完成：　是□　否□	

（24）测量减速器箱座实体零件，并填写图 7.8.3 中的尺寸。

（25）请使用中望 3D 软件完成箱座的建模。

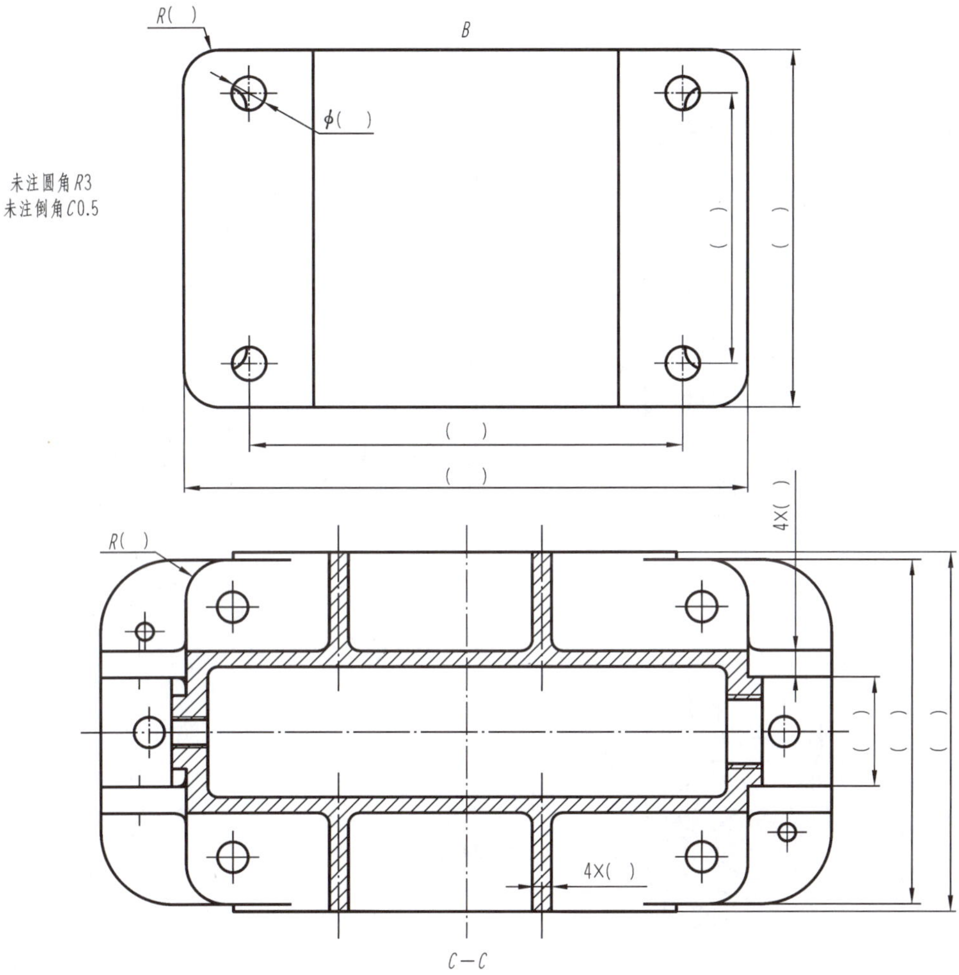

图 7.8.3　箱座测绘图

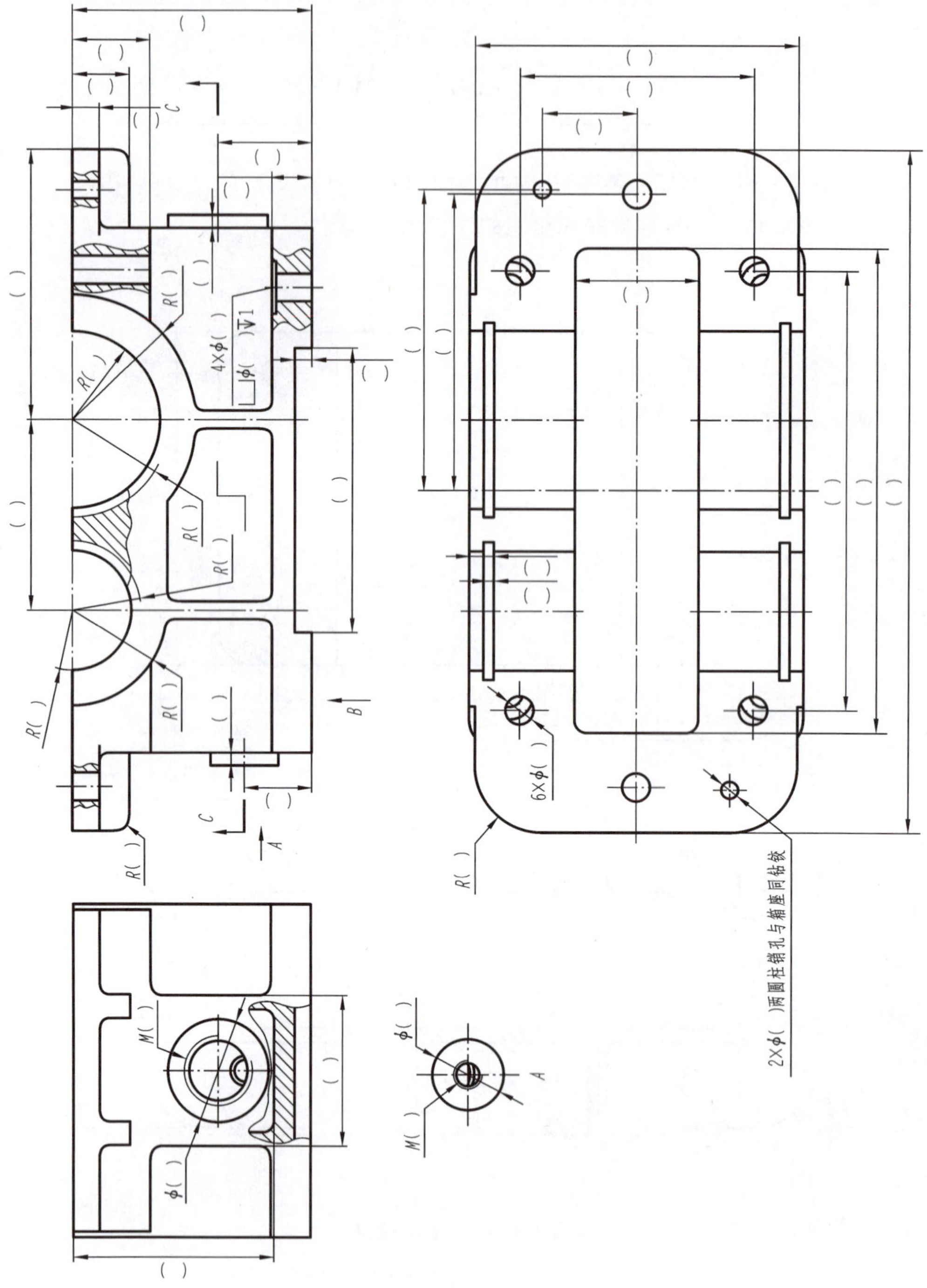

续图 7.8.3

【任务评价】

完成【任务 8 绘制箱盖三维模型图】后，请如实填写表 7.8.12 和表 7.8.13。

表 7.8.12 【绘制箱盖三维模型图】任务评价表

评价项目	评价标准	评价等级		
建模思路	逻辑清晰	A□	B□	C□
箱体零件建模	正确熟练	A□	B□	C□
软件功能	理解透彻	A□	B□	C□
零件测量	标准规范	A□	B□	C□
工作表	按时、规范、正确	A□	B□	C□
箱座建模	尺寸正确、特征完整	A□	B□	C□

表 7.8.13 【绘制箱盖三维模型图】8S 评价表

序号	项目	自评	组长评价	教师评价
1	整理(SEIRI)	A□ B□ C□	A□ B□ C□	A□ B□ C□
2	整顿(SEITON)	A□ B□ C□	A□ B□ C□	A□ B□ C□
3	清扫(SEISO)	A□ B□ C□	A□ B□ C□	A□ B□ C□
4	清洁(SEIKETSU)	A□ B□ C□	A□ B□ C□	A□ B□ C□
5	素养(SHITSUKE)	A□ B□ C□	A□ B□ C□	A□ B□ C□
6	安全(SAFETY)	A□ B□ C□	A□ B□ C□	A□ B□ C□
7	节约(SAVE)	A□ B□ C□	A□ B□ C□	A□ B□ C□
8	学习(STUDY)	A□ B□ C□	A□ B□ C□	A□ B□ C□

注：评价等级中的“A”对应“好”、“B”对应“一般”、“C”对应“差”。

学生：__________ 组长：__________ 教师：__________

任务 9　绘制减速器装配图

【任务描述】

使用中望 3D 软件装配减速器，导出减速器装配图的 DWG 格式文档，再使用中望 CAD 软件完成编辑，如图 7.9.1 所示。

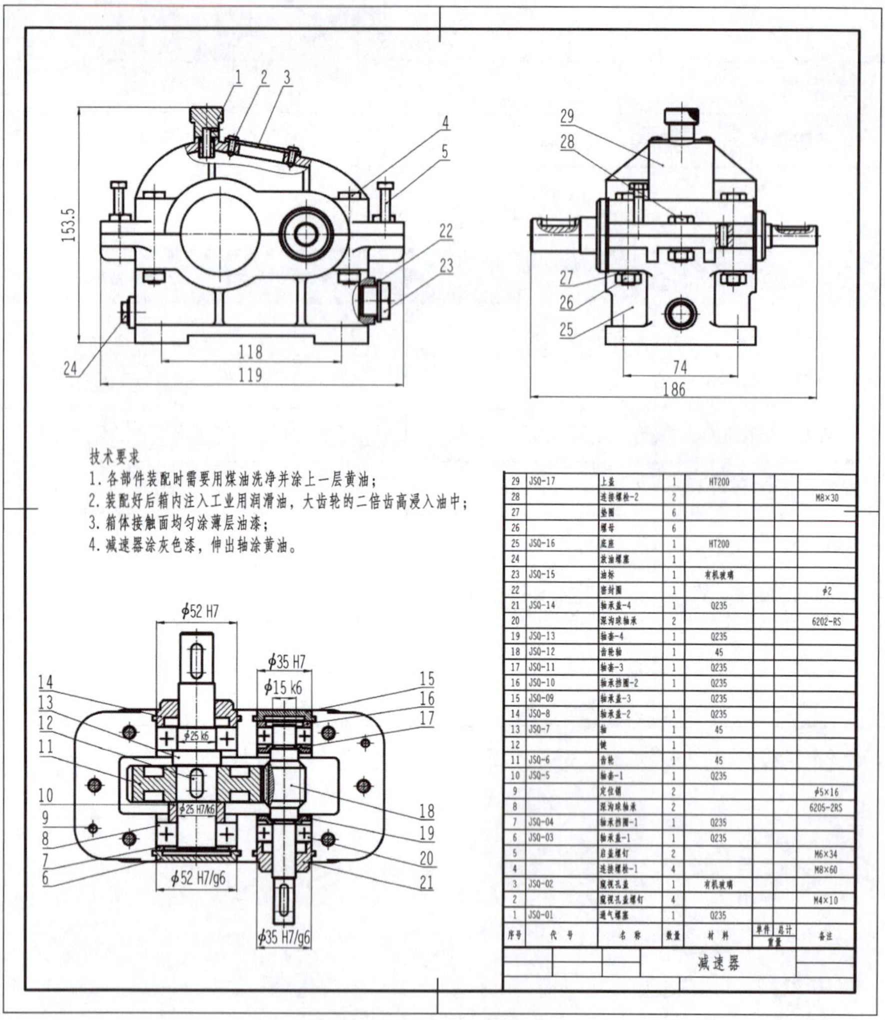

图 7.9.1　减速器的装配图

【知识目标】

（1）装配图的内容（A701）；

（2）装配图的图样画法（A702）；

（3）装配图的视图选择（A704）；

（4）常见装配结构（A708）；

（5）装配图的尺寸标注（A705）；

（6）装配图的零件序号、明细栏和技术要求（A706）；

（7）拆画零件图（A711）。

【技能目标】

（1）减速器的装配；

（2）减速器装配图绘制。

【任务准备】

单级圆柱直齿轮减速器部件、计算机、中望 CAD 软件等。

【任务实施】

（1）学习【链接知识 A701 装配图的内容】。

（2）完成【专项训练 A701 装配图的内容】，如表 7.9.1 所示。

表 7.9.1 专项训练 A701 装配图的内容

序号	训练内容	备注
1	请将正确的内容填到横线上。 装配图是表达______或______的______、______、零件间的______及其______关系的图样，它是______的主要技术文件之一。机器在设计过程中先画出______，再由装配图拆画零件图。 提示词： 装配　生产中　部件　运动方式 装配图　工作原理机器　连接	

续表

<table>
<tr><th>序号</th><th>训练内容</th><th>备注</th></tr>
<tr><td>2</td><td>一张完整的零件图主要包含 4 个方面的内容，分别是：
__________、__________、__________、__________。</td><td></td></tr>
<tr><td>3</td><td>请观察下面的装配图，将装配图中缺失的内容填写在横线上。

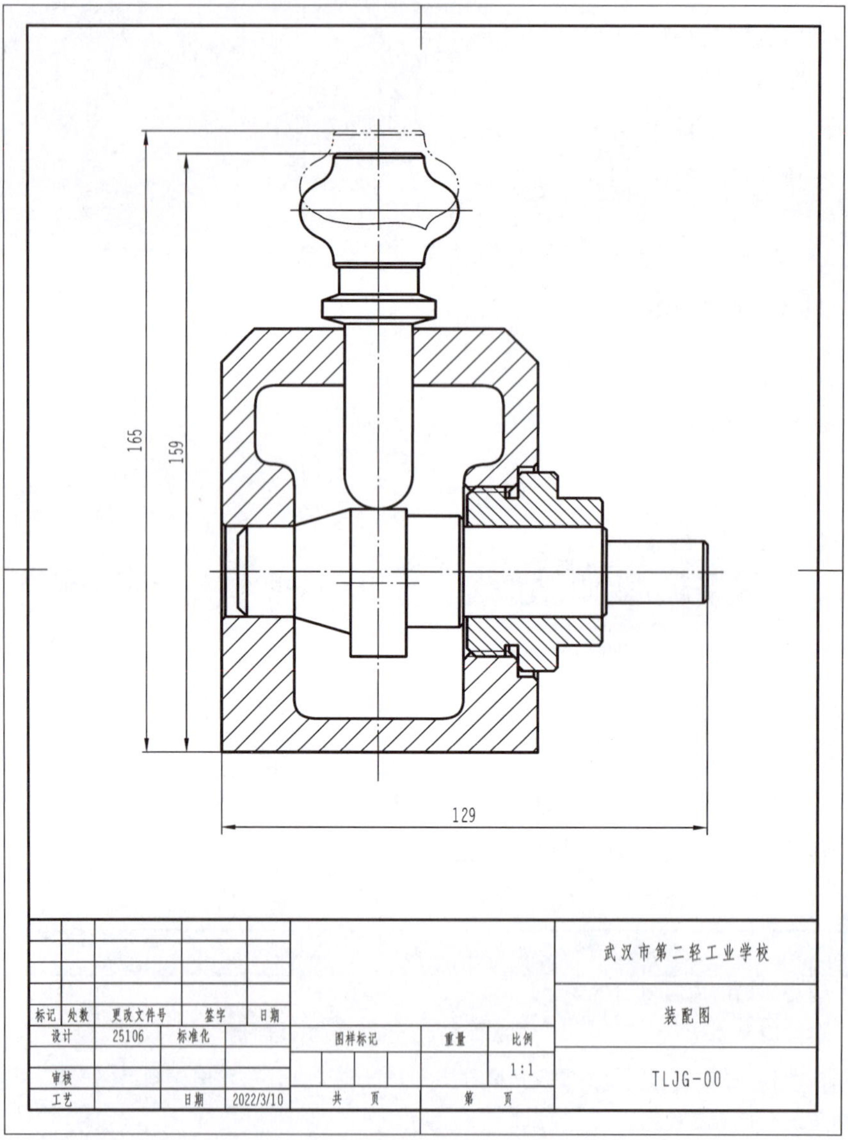

____
____
______________________________</td><td></td></tr>
</table>

(3) 学习【链接知识 A702 装配图的图样画法】。

(4) 学习【链接知识 A704 装配图的视图选择】。

(5) 完成【专项训练 A702、A704 装配图的图样画法和视图选择】，如表 7.9.2 所示。

表 7.9.2 专项训练 A702、A704 装配图的图样画法和视图选择

序号	训练内容	备注
1	请选择正确选项。 (1) 零件图上所采用的图样画法(如视图、剖视图等)，在表达装配件时(　　)。 A. 适用　　B. 不适用　　C. 不一定适用 (2) 在装配图的规定画法中，同一零件在各视图上的剖面线方向和间隔必须(　　)。 A. 一致　　B. 不一致　　C. 可一致可不一致 (3) 在装配图的规定画法中，对于部件中某些零件的范围和极限位置，可用(　　)画出其轮廓。 A. 细点画线　　B. 双点画线　　C. 虚线 (4) 同一种零件或相同的标准组件在装配图上只编(　　)序号。 A. 一个　　B. 两个　　C. 三个 (5) 相邻零件的接触表面和配合表面只画(　　)线，不接触表面和非配合表面必须画(　　)线，若间隙很小时可(　　)表示。 A. 一条、两条、忽略　　B. 一条、两条、夸大　　C. 两条、一条、夸大 (6) 装配图中两个零件相邻时，剖面线的倾斜方向应(　　)。 A. 相反　　B. 间隔不同　　C. 相反或间隔不同	

(6) 学习【链接知识 A708 常见装配结构】。

(7) 完成【专项训练 A708 常见装配结构】，如表 7.9.3 所示。

表 7.9.3 专项训练 A708 常见装配结构

序号	训练内容	备注
1	请在右侧空白处画出正确的平面接触配合简图。 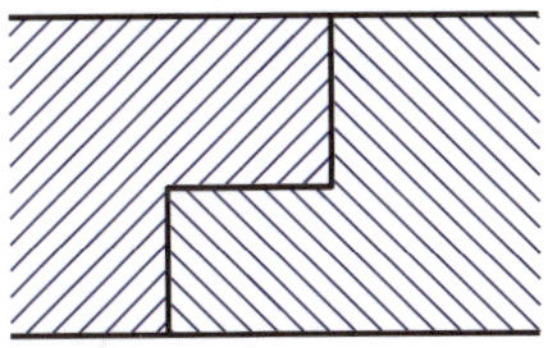 错误画法	

续表

序号	训 练 内 容	备注
2	请在右侧空白处画出正确的柱面接触配合简图。 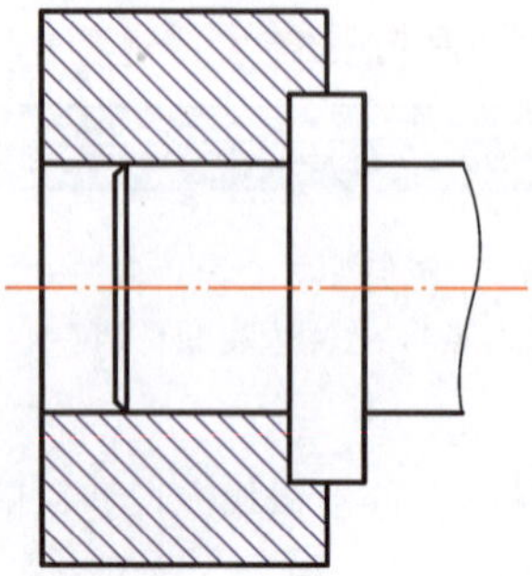 错误画法	
3	请在右侧空白处画出正确的锥面配合简图。 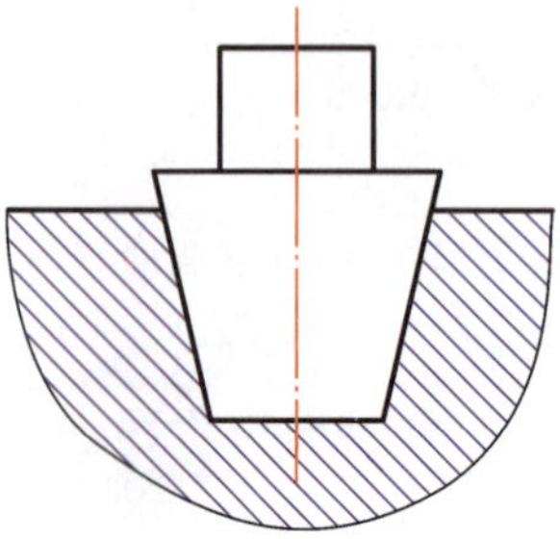 错误画法	
4	请在右侧空白处画出正确的轴端接触面配合简图。 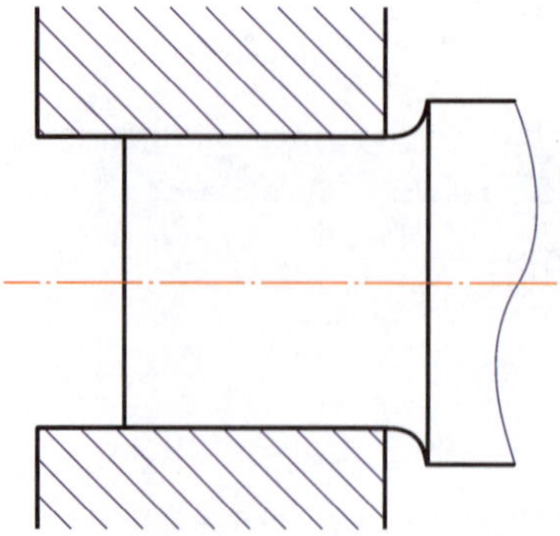 错误画法	

续表

序号	训练内容	备注
5	请在右侧空白处画出正确的较长的接触面装配简图。 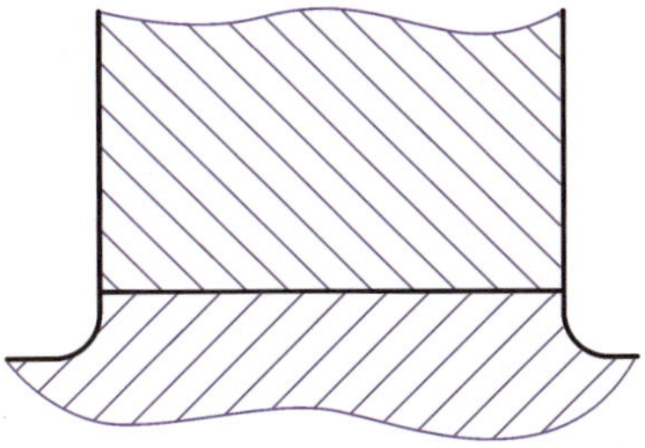 错误画法	
6	请在右侧空白处画出正确的销连接装配简图。 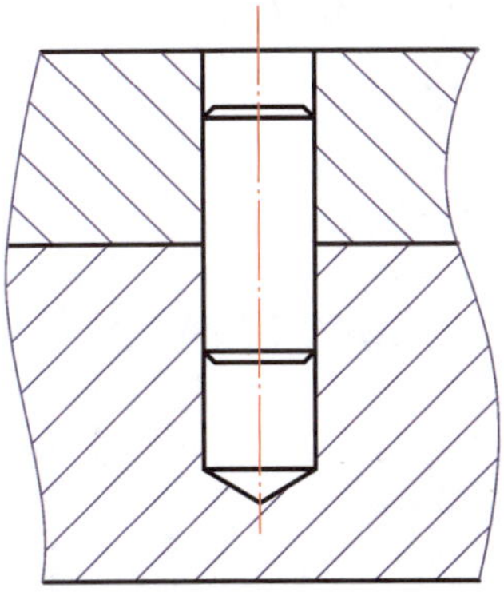 错误画法	

（8）学习【链接知识 A705 装配图的尺寸标注】。

（9）完成【专项训练 A705 装配图的尺寸标注】，如表 7.9.4 所示。

表 7.9.4　专项训练 A705 装配图的尺寸标注

序号	训练内容	备注
1	请将正确答案填写在横线上。 零件图上的标注尺寸应满足______（符合国家标准的规定）、________（尺寸布置合理，便于看图）、______（尺寸齐全，不多不少）、______（满足设计和制造要求）四项要求。 提示词： 清晰　合理　正确　完整	

续表

序号	训练内容	备注
2	请根据图 7.9.1 所示的装配图，完成填空。 (1) 性能尺寸(规格尺寸)________________。 (2) 装配尺寸________________。 (3) 外形尺寸(总体尺寸)________________。 (4) 安装尺寸________________。 (5) 其他主要尺寸________________。	

(10) 学习【链接知识 A706 装配图的零件序号、明细栏和技术要求】。

(11) 完成【专项训练 A706 装配图的零件序号、明细栏和技术要求】，如表 7.9.5 所示。

表 7.9.5 专项训练 A706 装配图的零件序号、明细栏和技术要求

序号	训练内容	备注
1	请选择正确选项。 (1) 装配图上对每个零件或部件都必须编注______或代号，并填写______以便生产、看图和图样管理。(　　) A. 编号　明细表　　B. 序号　明细表　　C. 序号、标题栏 (2) 指引线从所指零件的可见轮廓内引出时末端画(　　)。 A. 小圆点　　B. 箭头　　C. 空心圆 (3) 若所指零件很薄或指示涂黑的剖面，指引线末端应画指向该零件轮廓的(　　)。 A. 小圆点　　B. 箭头　　C. 空心圆 (4) 必要时指引线可以画成折线，但只可曲折(　　)。 A. 三次　　B. 两次　　C. 一次 (5) 装配图的技术要求，通常用文字注写在标题栏______或图纸______空白处。(　　) A. 上方　下方　　B. 左方　上方　　C. 随便	

续表

序号	训练内容	备注
2	请在下面的(　　)中打"√"或"×"。 (1) 序号注在图形外边并填写在指引线的水平段上。(　　) (2) 沿水平或垂直方向按顺(逆)时针顺序排列整齐。(　　) (3) 指引线不要彼此相交,必要时允许折两次。(　　) (4) 零件组允许采用公共指引线序号的字比尺寸数字大一号。(　　) (5) 明细表接在标题栏上方。(　　) (6) 明细表内框和外框都是粗实线。(　　) (7) 明细表中的零件序号由下往上填写,不得间断或交错。(　　) (8) 明细表中序号与装配图上所编序号必须一致。(　　) (9) 空间位置限制不能往上画时可画在标题栏左侧,在空间位置不够时再往左移一部分紧接标题栏继续填写。(　　)	
3	请在下面的螺栓连接装配图中标注序号。 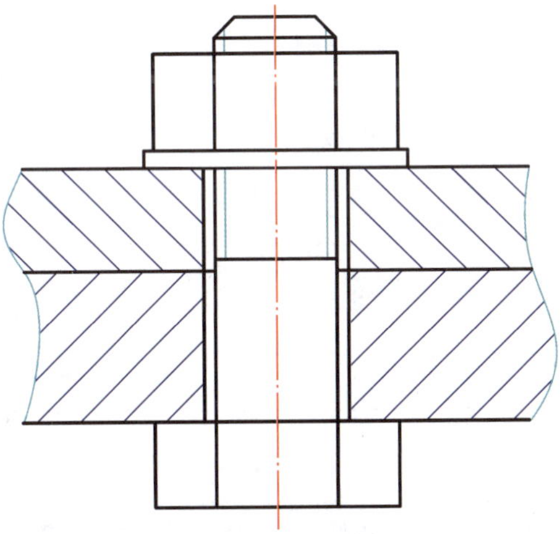	

(12) 学习【链接知识 A711 拆画零件图】。

(13) 完成【专项训练 A711 拆画零件图】,如表 7.9.6 所示。

表 7.9.6　专项训练 A711 拆画零件图

序号	训练内容	备注
1	识读减速器的装配图(见图 7.9.1)并填空。 (1) 减速器共用了______种零件,标准件有______种。 (2) 主、左视图采用了______剖视图;俯视图采用的是______剖视图。 (3) 俯视图中 $\phi 50H7/k6$ 的基本尺寸是______,轴的公差带代号是______,孔的公差带代号是______;它是输出轴 27 与______号件之间的配合,属于基______制的配合。 (4) 箱座 1 属于______类零件,齿轮轴 19 属于______类零件,齿轮 25 属于______类零件。 (5) 左视图中的 186 属于______尺寸,俯视图中的 113 属于______尺寸。	

【任务评价】

完成【任务 9 绘制减速器装配图】后,请如实填写表 7.9.7 和表 7.9.8。

表 7.9.7　【绘制减速器装配图】任务评价表

评价项目	评价标准	评价等级		
装配图的作用和内容	认识、掌握透彻	A□	B□	C□
装配图画法和视图选择	认识、掌握透彻	A□	B□	C□
常见标准件的装配画法和装配工艺结构	认识、掌握透彻	A□	B□	C□
装配图的尺寸标注	认识、掌握透彻	A□	B□	C□
装配图的零部件序号、明细表和技术要求	认识、掌握透彻	A□	B□	C□
识读装配图及拆画零件图	认识、掌握透彻	A□	B□	C□

表 7.9.8　【绘制减速器装配图】8S 评价表

序号	项　目	自　评	组长评价	教师评价
1	整理(SEIRI)	A□　B□　C□	A□　B□　C□	A□　B□　C□
2	整顿(SEITON)	A□　B□　C□	A□　B□　C□	A□　B□　C□
3	清扫(SEISO)	A□　B□　C□	A□　B□　C□	A□　B□　C□
4	清洁(SEIKETSU)	A□　B□　C□	A□　B□　C□	A□　B□　C□

续表

序号	项　目	自　评	组长评价	教师评价
5	素养(SHITSUKE)	A□　B□　C□	A□　B□　C□	A□　B□　C□
6	安全(SAFETY)	A□　B□　C□	A□　B□　C□	A□　B□　C□
7	节约(SAVE)	A□　B□　C□	A□　B□　C□	A□　B□　C□
8	学习(STUDY)	A□　B□　C□	A□　B□　C□	A□　B□　C□

注：评价等级中的“A”对应“好”、“B”对应“一般”、“C”对应“差”。

学生：＿＿＿＿＿＿＿　组长：＿＿＿＿＿＿＿　教师：＿＿＿＿＿＿＿

附　录

关键知识点编码

A504.2	两个圆柱齿轮啮合的画法
A504.1	单个直齿圆柱齿轮的测绘
A701	装配图的内容
A702	装配图的图样画法
A704	装配图的视图选择
A708	常见装配结构
A705	装配图的尺寸标注
A706	装配图的零件序号、明细栏和技术要求
A711	拆画零件图
B201	键连接
B202	销连接
B802.1	滚动轴承的结构和类型
B802.2	滚动轴承的代号
B802.3	滚动轴承润滑、密封
B802.4	滚动轴承的画法
B401	标准直齿圆柱齿轮的基本知识
B403	齿轮传动概述
K101	中望 3D 软件基本界面
K103	自定义操作
K301	草图绘图
K302	草图约束
K401	基础造型
K401.1	基本体
K402.1	圆角
K402.4	孔
K401.2	拉伸
K403.6	简化
K403.1	面偏移

K404.2	实体镜像
K405.2	基准 CSYS
K402.5	筋
K402.2	倒角
K406	轴的建模实例
K501	装配设计界面
K502	装配管理
K503	组件装配
K504	装配约束
K505	编辑与查询
K602	视图布局
K604	轴的工程图实例
K701	减速器箱盖建模分析
K901	中望 CAD 软件认识界面
K902	图幅设置
K903	图层设置
K904	删除、移动
K905	尺寸标注
K906	技术要求编辑
K907	输出 PDF 文档

参考文献

[1] 钱可强. 机械制图[M]. 北京：高等教育出版社，2017.

[2] 人力资源社会保障部教材办公室. 极限配合与技术测量基础[M]. 北京：中国劳动和社会保障出版社，2014.

[3] 崔陵，娄海滨. 零件测量与质量控制技术[M]. 2 版. 北京：高等教育出版社，2014.

[4] 高平生. 中望 3D 建模基础[M]. 北京：机械工业出版社，2022.